美国饮用水预警监测评估的技术与方法

美国国家环境保护局　编

刘伟　等 译

中国环境出版集团·北京

图书在版编目 (CIP) 数据

美国饮用水预警监测评估的技术与方法 / 美国国家环境保护局编；刘伟等译 .
—北京：中国环境出版集团，2018. 8
ISBN 978-7-5111-3789-0

Ⅰ.①美… Ⅱ.①美…②刘… Ⅲ.①饮用水—水质管理—研究—美国
Ⅳ.① TU991.21

中国版本图书馆 CIP 数据核字（2018）第 191242 号

出 版 人　武德凯
责任编辑　田　怡
责任校对　任　丽
封面设计　岳　帅

出版发行　中国环境出版集团
　　　　　（100062　北京市东城区广渠门内大街 16 号）
　　　　　网　　　址：http://www.cesp.com.cn
　　　　　电子邮箱：bjg1@cesp.com.cn
　　　　　联系电话：010-67112765（编辑管理部）
　　　　　发行热线：010-67125803　010-67113405（传真）
印　　刷　北京建宏印刷有限公司
经　　销　各地新华书店
版　　次　2018 年 8 月第 1 版
印　　次　2018 年 8 月第 1 次印刷
开　　本　787×960　1/16
印　　张　16.75
字　　数　250 千字
定　　价　80.00 元

译者编委会

主　译：刘　伟

副主译：余轶松　任　征　吴庆梅

翻　译：李　礼　黄　程　喻　航　于书山　唐冬梅

　　　　杨　兵　葛　淼　秦　成　刘　浩　蔡　宇

　　　　郭菊仙　刘　念　蒋　晶　李灵星

审　核：邓　力　卢　益

审　定：罗财红

‖译者序

美国饮用水环境预警起步较早。2004 年 2 月美国总统令要求美国国家环境保护局（EPA）"发展稳健、全面、协调的监测方法和监测系统，提供早期对疾病、有害生物或有毒有害制剂的检测和识别"；其研究重点放在这个相对较新且快速发展领域中最有前途的产品和技术。美国饮用水预警方面特别注意联合政府相关部门、军队、研究机构、基金会、公众等多方机构在资金、技术、政策上形成合力，推动预警技术的发展。

我国为切实加大水污染防治力度，保障水安全，2015 年 4 月国务院印发了《水污染防治行动计划》。计划中有三处提到预警。一是在宏观政策上，要建立水资源、水环境承载能力监测评价体系，实行承载能力监测预警。二是在科技支撑上，要加强水环境监控预警、水处理工艺技术装备等领域的国际交流合作。三是在管理上，地方各级人民政府要制定完善的水污染事故处置应急预案，落实责任主体，明确预警预报与响应程序、应急处置及保障措施等内容，依法及时公布预警信息。这三个预警层次相互联系依托，为我国的预警体系构建了大的框架。

美国的恐怖袭击事件加剧了人们对蓄意威胁水安全行为的关注。这些行为可能是物理破坏，计算机干扰，或化学、微生物和放射性污染。这种蓄意污染事件将对国家水安全、公众健康和信心产生深远的影响。为应对这些事件，需要设计功能完善的预警系统，这种系统应包括能检测污染物的传感器、数据传输处理和分析、决策、紧急情况下的通信等。

翻译出版《美国饮用水预警监测评估的技术方法》一书，系统介绍美国饮用水基础设施的综合预警系统（特别是饮用水供应和配水系统）方面最先进的技术和方法。本书不仅总结和评价现有和新兴的识别一般化学类别、微生物和放射性污染物的预警系统技术，还探索预警系统未来发展方向、技术问题，以及研究差距。可供我国饮用水环境预警借鉴参考。

本书在翻译的过程中，得到许多专家和同行的大力帮助。感谢重庆市环保局领导的大力支持。谨以此书献给参与水环境保护的各位同仁，希望对大家的工作有所帮助。

由于翻译人员水平有限，时间仓促，对原文误解、疏漏甚至错误之处在所难免，请广大读者不吝赐教。

免责声明

　　本文件已按照美国国家环境保护局的政策进行了审查并批准出版和发行。本书所描述的研究是在美国国家环境保护局和ICF咨询公司签订的第68-C-02-009号合同项下进行的。在本文件或参考资料中提及商业产品、商品名称或服务并不表明通过了美国国家环境保护局官方的正式批准、认可或推荐。

与本研究报告或其适用有关的问题可联系：

Jafrul Hasan博士

美国国家环境保护局总部

科学技术办公室，水办公室

宾夕法尼亚大道1200号，西北

邮　　编：4304　T 华盛顿特区20460

电　　话：202-566-1322

电子邮件：hasan.jafrul@epa.gov

致　　谢

本研究报告由美国国家国土安全研究中心研究和发展办公室资助，并由其科学技术办公室和水办公室管理。

美国国家环境保护局感谢下列人士和组织对本报告《饮用水预警监测评估的技术与方法》所做的贡献。

美国国家环境保护局项目经理：Jafrul Hasan

ICF工作项目经理：David Goldbloom-Helzner

联合工作任务经理：Audrey Ichida

ICF工作人员：Tina Rouse 和 Mark Gibson

咨询的主题专家：Stanley States、 Walter Grayman和 Rolf Deininger

内部（EPA）审查人员

Jonathan Herrmann　国家国土安全研究中心/研究和发展办公室

Irwin Silverstein　国家国土安全研究中心/水安全司和研究办公室发展/水办公室

John Hall　国家国土安全研究中心/研究与发展办公室

RoyHaught　国家风险管理研究实验室/研究和发展办公室

Robert Janke　国家国土安全研究中心/研究和发展办公室

Alan Lindquist　国家国土安全研究中心/研究和发展办公室

Matthew Magnuson　国家国土安全研究中心/研究和发展办公室

Regan Murray　国家国土安全研究中心/研究和发展办公室

Grace Robiou　国家国土安全研究中心水安全司办公室/水办公室

Cesar Cordero　国家国土安全研究中心科学技术办公室/水办公室

Jafrul Hasan　国家国土安全研究中心科学技术办公室/水办公室

外部（非EPA）审查人员

Ronald J. Baker　美国地质调查局

Frank Blaha　美国水厂协会研究基金会

Erica Brown　大都会水务机构协会

Bill Clark　大都会水务机构协会

Ricardo DeLeon　南加州大都会供水区

Wayne Einfeld Sandia　国家实验室

Lee Glascoe Lawrence Livermore　国家实验室

Kevin Morley　美国水厂协会

My-Linch Nguyen　美国水厂协会研究基金会

Irwin Pikus　弗吉尼亚大学

Connie Schreppel Mohawk　河谷水务局

Alan Roberson　美国水厂协会

表格清单

首字母缩写词和缩略语

AFD 自动喂养设备

AK 肌激酶（骨骼肌内的耐热性蛋白质成分）

AMS 高级监控系统中心

AOAC 国际分析家化学学会

APDS 自主病原检测系统

ASCE 美国土木工程协会

ASTM 美国材料测试协会

ASV 阳极溶出伏安法

ATP 三磷酸腺苷

ATR 衰减全反射

AWWA 美国水厂协会

AWWARF 美国供水工作协会研究基金会

BADD 生物毒剂检测设备

BARC 珠阵列计数器

BCIP 5 溴–4–氯–3–磷酸吲哚二钠水合物

BEADS 生物检测分析分发系统

BOSS 生物光电传感器系统

BTA 生物威胁警报

CAD 计算机辅助设计

CBR 化学、生物和放射性

CBRTA 化学、生物和放射技术联用

CBS 案例系统

CBW 化学生物毒剂

CCD 电荷耦合装置

CDC 美国疾病控制和预防中心

CFD 计算机流体动态模型

cfu 群落形成单位Ci Curies

CIS 客户信息系统

COD 化学需氧量

cpm 每分钟计数

CRADA 合作研究与发展协议

CWS 污染预警系统

DARPA 国防部高级研究计划局

DHS 美国国土安全部

DNA 脱氧核糖核酸

DO 溶解氧

DOD 美国国防部

DOE 美国能源部

DSRC 饮用水配水系统研究联合会

DSS 饮用水配水系统模拟器

ECBC Edgewood 化学生物中心

ECD 电导检测器

ECL 电化学发光

EDS 事件检测软件

ELFA 酶联荧光免疫分析

ELISA 酶联免疫吸附测定

ELOD 估计检测限

EMPACT 公众获取和社区跟踪的环境监测

EOC 紧急指挥中心

EPA 美国国家环境保护局

EPS 长期生态模型

ETV 环境技术确认

EWS 预警系统

FBI 美国联邦调查局

FDA 美国食品药品监督管理局

FID 火焰离子化检测器

FPW 弯曲板波

FT-IR 傅里叶变换红外光谱仪

GC 气相色谱分析

GC-MS 气相色谱质谱

GE 基因组当量

GIS 地理信息系统

GMR 巨磁阻

HA 羟磷磷灰石

HANAA 手持式核酸分析仪

HRP 辣根过氧化物酶

HSPD 国土安全总统指令

I-CORE 集成冷却/加热光学反应

ICS 事故指挥体系

ICWATER 涉水事故指挥建模工具

IDSE 初始饮用水配水系统评估

ILSI 国际生命科学会

IMS 离子迁移光谱

INL 爱达荷州国家实验室

ISAC 信息共享与分析中心

ISE 离子选择电极

JBAIDS 联合生物试剂识别诊断系统

LAN 局域网

LEMS 液体流出物监测系统

LIMS 实验室信息管理系统

LLNL Lawrence Livermore 国家实验室

LRAD 远程 α 探测

LRN 实验室反应网络

MAGIChip™ 凝胶固定化化合物的微阵列

MALS 多角度光散射

MALLS 多角度激光光散射

MCL 最大污染水平

MEMS 微电子机械电系统

MIP 分子打印聚合物

MIT 麻省理工学院

MOEMS 微光电子机械系统

MS 质谱分析

MW 分子量

NaI 碘化钠

NALOD 核酸检测限

NASA 美国国家航天&太空总署

NDWAC 国家饮用水咨询委员会

NHSRC 国家国土安全研究中心

NNI 国家纳米技术计划

NRMRL 国家风险研究实验室

NSF 国际卫生基金会

NTA 国家技术联盟

OGWDW 地表水和饮用水办公室

OHS 国土安全部办公室/美国环境保护局

OLM 液体在线监测系统

ORD 研究与发展办公室

ORNL Oak Ridge 国家实验室

ORP 氧化还原电位

PCR 聚合酶链式反应

PDD 总统令

PEC 光合酶复合物

pfu 空斑形成单位

pfu-e 空斑形成等效单位

PID 光离子化检测器

PNNL 西北太平洋国家实验室

ppb 十亿分比浓度（10^{-9}）

ppm 百万分比浓度（10^{-6}）

ppt 万亿分之比浓度（10^{-12}）

psi 每平方英寸的磅数（压力单位）

QA/QC 质量保证与质量控制

QLFA 定量侧流法

R&D 研究与开发

RADACS 放射评估显示和控制软件

RAPID 强化高级病原体识别装置

RBS 基于规则的系统

RLU 相对光单位

RNA 核糖核酸

ROC 接收器工作特性

SAIC 科学应用国际公司

SAW 表面声波

SBIR 小企业创新研究

SCADA 监督控制和数据获取模块

SCDWA 安全饮用水法案

SERS 表面增强拉曼散射

SIA 连续注射分析

SMART™ 敏感膜抗原快速测试

SMP 亚线粒体微粒

SNL Sandia 国家实验室

SOPs 标准化操作规程

SPCE 表面等离子体耦合发射

SPME 固相微萃取

SPR 表面离子体共振

SSL 安全套接层

TAM 热阿尔法监视器

TCD 热传导式探测器

TCR 总大肠菌群规则

T&E 测试与评估

TEVA 《威胁的总体脆弱性评估》

TIGER 三角分量基因风险评估

T&O嗅味

TOC 总有机碳

TRA 技术准备状态评估

TTEP 技术测试与评估程序

UC 超滤浓缩

UHF 超高频

UPT 恢复荧光技术

URL 统一资源定位器（也称为网站地址）

USACEHR 美军环境卫生研究中心

USAMRIID 美军传染病医学研究所

USGS 美国地质调查局

UV 紫外光

VARA 脆弱性和风险评估

VHF 甚高频率

VOCs 挥发性有机物

WaterISAC 水信息共享与分析中心

WATERS 水评价技术的安全评价与研究

WCIT 水污染信息工具

WDM 饮用水配水系统监测

WERF 水环境研究基金会

WISE-SC 水务基础设施安全提升标准委员会

WLA 水实验室联盟

WQS 水的质量体系

WS-CWS 水污染哨兵预警系统

WSD 水安全部门

WSTB 水科学和技术委员会

WSWG 水安全工作组

WUERM 水务应急经理

目 录

1 报告重点

　　恐怖袭击事件加剧了人们对蓄意威胁美国水安全行为的关注。这些行为可能是物理破坏，计算机干扰，或化学、微生物和放射性污染。这种蓄意污染事件将对国家水安全、公众健康和信心产生深远的影响。预警系统（EWS）是一个重要工具，可以及时避免或减轻故意污染事件的影响。可触发有效的属地响应，以减少或消除不利影响。完整的EWS系统包括能检测到污染物的传感器、数据传输处理和分析、决策、紧急情况下的通信协议等。

　　本EWS研究报告的目标是审查饮用水基础设施的综合预警系统（特别是饮用水供应和分配系统）方面最先进的技术和方法。本报告总结和评价现有的和新兴的用于识别一般类别的化学，微生物和放射性污染物的EWS技术。本报告还探索确定预警系统未来发展方向、技术问题以及研究差距。本报告信息来源多样，包括公司信息、政府信息、验证研究、现场案例研究和专家意见。

　　本报告的基础是《水安全研究和技术支持行动》中3.3E的内容，建议测试和评价饮用水等预警系统（特别是饮用水配水系统）。尽管本研究是在《国土安全总统令-9》（HSPD-9）发布前开始，但本研究有助于实施该总统令。HSPD-9指示美国环境保护局（EPA）"发展稳健、全面、协调的监测方法和监测系统，提供早期对疾病、有害生物或有毒有害制剂的检测和识别"，把重点放相对较新且发展快速的领域中最有前途的产品和技术。本研究研发了相关标准，来选择现实可用的、潜在可用的和未来新兴的可适用于饮用水预警系统的技术和产品。

1.1 综合EWS应有的特点

预警系统是一个完整的监测、分析、解释和沟通监测数据的系统；能辅助决策、保护公众健康并能尽量减少公众不必要的担忧和不便。而要成为一种广泛使用、高效、可靠的供水安全和质量监控系统的一部分，理想的系统应有如下一些特点：

- 提供一种快速响应
- 可以检测到足够多的潜在污染物
- 具有相当程度的自动化，包括自动采样
- 购置成本、维修和升级费用低
- 技能和培训需求低
- 能识别污染物的来源，准确预测其位置以及检测点下游的浓度
- 检测污染物有足够的灵敏度
- 允许最小的假阳性/假阴性
- 具有在水环境中操作的耐用性
- 允许远程操作和调整
- 可连续运行
- 允许第三方测试、评估和验证

特别是对供水系统，考虑建设一个实用的综合预警系统时，应该通过一个结构化的过程，以确定是否需要和使用预警系统方法。一些预警系统设计领域的专家倡导在饮用水供水系统进行两阶段预警。第一阶段使用连续的实时传感器，当水中检测到污染物时，触发报警。这一阶段通常包括常用的多参数传感器在线监测水的质量（如pH值、电导率、氯残留等）。报警会引发第二阶段使用更具体和更灵敏的技术来确定和锁定污染物。第二阶段的技术可以是在现场监测或可以带到现场的便携式设备。另一种预警设计方案是，第一阶段以消费者投诉和公

共卫生监测数据触发预警。虽然实时连续监测可能是最终的长期目标，但在实时监测技术确实可用之前，这种中间预警系统架构将更有效。

1.2 结论与建议

结论和建议基于对预警技术的科学技术方面评估。这些有关定性、半定性和定量信息的专业性综述来源于验证研究、政府研究和专家意见等在内的多种途径。

以下首先是对先进预警系统技术和方法综述的一般性结论和建议。其次是与预警系统自身组织特点有关的特别结论和建议，比如数据获取与分析、流体建模、传感器配置、报警管理、决策与响应、多参数水质技术，以及化学、微生物和放射性污染物的检测。最后还列出了长短期研究需求、研究空白的结论和建议。

1.2.1 一般性结论和建议

过去符合需求的、可行的综合预警系统已能被常规地使用。一些独立的组成部分当前也可以获得，而另外一些需要进一步研发提升。设计针对饮用水配水系统的预警系统很大程度上处于理论阶段或者说是早期阶段。目前在用的预警系统并没有本报告中所描述的综合预警系统的所有特点。大多数传感器和预警系统的组成部分没有经过第三方测试或者验证。用以支持选择传感器技术相关信息，比如污染物类别及其暴露级别也没有很好的定义。同时，公用事业部门需要对各种不同的制造商所宣称的技术进行验证和实证。

短期研究需求

- 应开展关于预警系统设计和实施的深入综述性研究
- 脆弱性评估方法应该应用到污染事件中
- 预警系统研究需要国际合作
- 采样方法和分析技术的研发是当务之急

长期研究需求

- 公用事业部门使用监测仪、传感器和检测器来执行个案调查研究及分析

- 预警系统的组成部分需要进行性能测试

- 潜在污染物列表需要不断地复审和更新

- 传感器必须检出的浓度需要不断地复审

- 污染物特别是有毒副产物的归属和传输（包括暴露水平、剂量、检出浓度）应该被检测到

- 不同机构的实验室预警研究应该能被重复，预警研究结果应被公共事业部门及其股东和政府机构之间共享

1.2.2　特别结论和建议

1.2.2.1　数据获取与分析

数据采集由监控与数据采集模块（以下简称SCADA）或其他自动系统来处理预警系统在线传感器的海量数据。数据获取所需的大多数软硬件已经成熟。SCADA 所需的预警系统的安全软件（比如，数据加密）仍在研发中且需要确认，而且有可能被公共事业部门和一般安全事务一并解决。

短期研究需求

- 需要研究数据分析和解释的标准化方法或指引
- 大尺度数据储存和操作方法需要研究

长期研究需求

应研发SCADA数据安全项目，便于和现有公用事业部门预警系统的安全特性相结合在一起。

1.2.2.2　流量模型

预测饮用水配水系统中污染物随水流的迁移，对于预防潜在的故意污染事件和提升预警系统的有效性都很重要。总体的饮用水配水系统模型和特别的污染物流量预测系统都在迅速的发展。现有的污染物流量模型能整合地理信息系统的数据。饮用水配水系统模型也在不断地被校准。偶尔也会联用水消耗模型。公共事业部门努力确认和研发流量预测模型用于实现两个目标，一是总体计划模拟

（扩产，升级，维修和保养），二是检测故意污染事件。这些模型还可以辅助饮用水配水系统水质的综合管理。尽管当前美国还未建立模型校准标准，但已有动态或静态的校准方法（见EPA，2005）。美国自来水厂协会理事会也提出了一套校准指引（见ECAC，1999）。这些校准方法和指引可作为未来可接受的校准指引或标准的基础和研究起点。公用事业部门通过学习这些指引，来使用流量预测模型；包括怎样更好地理解这些模型以及如何被校准。美国环保局的《威胁的总体脆弱性评估》（TEVA）项目就包括了流量模型（EPANET）在一个可能的框架下，评估污染事件。

短期研究需求

- 进一步研发污染物流量模型

长期研究需求

- 流量模型需要验证后用于提升预警系统能力的设计

1.2.2.3 多参数水质技术

已经有研究把多参数水质监测仪作为预警系统的一部分应用到饮用水配水系统中。多参数水质技术是指现成的能同时检测多参数来综合识别水质物理或化学变化的技术。这种水质变化可能表明污染物已被意外或故意加入。标准水质参数包括氯化物、电导率、浊度、余氯、氧化还原电位（ORP）、pH值、溶解氧（DO）、温度，有时还包括总有机碳（TOC）。从EPA的初步测试看，在饮用水配水系统中监测氯（用离子选择性电极）、电导率（电极法）、混浊度、游离氯和ORP是有用的；TOC也是有用的，但广泛使用太昂贵。但是，多参数方法因没有得到充分的评估而不建议广泛使用，例如没有对氯胺消毒系统进行测试。同时人们还担心误报。然而，由美国地质勘探局（USGS）、EPA、水公共事业公司共同实验的一项12~18个月全面测试表明，未来多参数水质测试系统的误报和如何适应正常水质波动的问题有望解决。

一些设备制造公司正在试图通过水质参数特征来识别污染物或污染物的种

类。但很难独立验证或复制这些公司的活动，因为他们的方法和算法是私有的。说明在这一刻，应谨慎使用这些方法。此外，通过多参数水质监测仪来识别污染物仍然是通过EPA、USGS、军队和其他组织来评估的。目前还没有对利用多参数监测仪进行预警的系统进行实地测试。

短期研究需求

- 报警触发阈值需要用水质基线数据校正预警系统
- 污染物的特殊特征
- 检测异常事件的算法

长期研究需求

- 使用TOC传感器的成本效益决定需要研发价廉物美的TOC传感器

1.2.2.4 化学污染物的检测

许多化学污染物能被便携式仪器通过现场采样检测出来。相对于现场检测技术，在线监测技术在对特定化学污染的检测方面并没有那么有效和低成本。未来几年，本领域物美价廉的设备应被研发出来。一些新的技术（比如，微芯片技术）将会革命性地改变饮用水中化学物质的检测。消毒剂残留物通常在被处理过的饮用水（美国）中存在，这可能导致许多检测毒性的技术（比如，生物监测器）出现问题。只有很少一部分足够成熟的技术能被"美国环保局环境技术确认部门"作为研究的候选技术。

短期研究需求

- 需要检验去除消毒残留物对精准检测的影响

长期研究需求

- 可靠的现场检测技术、现有的先进检测技术需要适应预警系统

1.2.2.5 微生物污染的检测

多年前在线微生物监测技术就出现了。除了散射光法比较适合以外，其他大多数方法并不适合连续在线监测和区分不同的微生物。使用便携式的现场

采样和分析技术可以确认污染物的存在、活性及其浓度。有以下几种潜在的和可调整的技术方法，如免疫测定、聚合酶链反应（以下简称PCR）和三磷酸腺苷（ATP）测定。这些方法还没有完全开发其潜力，未来将会被新的检测设备和系统吸收进去。采样应该包括按时刻表间断采样或者混合样（比如，在一段时间里不断的采少量样品混合）。在任何采样过程中，都要保证微生物的完整性。对于饮用水来说，大多数方法的挑战在于样品的浓缩。只有很少浓缩方法是有适合的，比如，中空纤维和微流量泵。总的来说，对于某些方法，浓缩并不是不可逾越的障碍。一个建议的方法就是使用通用的检测器（比如，多参数探针或者光散射器）把样品展示在屏幕上，然后通过免疫设备和其他设备联用来识别污染物。ATP测定在测定微生物污染方面是适合的，但是现在的产品并没有在处理过的饮用水中进行应用研究。未来微芯片在在线测量污染方面将有非常大的发展前景，但是现阶段还不够成熟，还不能给饮用水供应部门提供需要的设备。

短期研究需求

- 提取和浓缩技术
- 鉴别从污染物中提取出来的干扰物的方法
- 现场性能稳定的反应试剂
- 应用于预警系统的ATP检测产品应被第三方评估

长期研究需求

- 需要研发有较少的交叉的独特抗原抗体
- 能检测新兴的、不断进化的和工程化的微生物的新方法和技术

1.2.2.6　放射性物质的检测

检测废水放射性的技术已经被验证，但是还没有应用到饮用水领域。有很少的产品声称能应用到饮用水的检测，另外有些是基于采样的基础分析。有部分供应商研发了很多仪器，但是面对现有的威胁来使用这些昂贵的设备进行实时检

测是否值得还需要研究。一些可以购买的产品应该由美国环保局或者美国国家辐射实验室来认证。本研究报告提到的所有辐射检测仪通常都需要特别的专家安装、设置和校准，而不管产品是否声称免维护。因此，放射性检测在饮用水和饮用水配水系统的预警系统中没有应用，市场上专注于此的需求也不强烈。

短期研究需求

- β和γ射线检测器应被研发和认证并应用于饮用水检测

长期研究需求

- 需要低成本在线辐射检测器
- 需要研发专门应用于饮用水配水系统的检测仪器

2　介绍

本章首先介绍主要关注于供水系统的背景，包括故意污染供水系统的威胁和建立预警系统的好处。描述EPA在水安全方面的角色和EPA建立预警系统的努力。表明了本研究目的是对饮用水基础设施中，特别是在饮用水和饮用水配水系统的综合预警系统中应用当前和新兴的技术和方法进行综述。本章陈述了当前的能力、未来的方向、技术问题和研究障碍。最后，提出了进行综述研究的方法。

2.1　关注于供水

恐怖分子的袭击使大家对美国供水系统面对的潜在威胁提高了警惕。这些威胁包括基础设施的毁坏，电脑干扰，化学、微生物和放射性污染。诸如此类的故意污染事件会对公众的健康和国家水基础设施的信心产生深远的影响。预警系统是避免和减轻这种事件影响的重要工具，及时可靠地锁定发生在水源或者是饮用水中的、影响广泛的水污染事件，可以提高当地应急响应的效率，从而减少和消除不利影响（ILSL.1999）。

2.2　EPA在水安全和预警系统中的角色

EPA在保护供水和支持发展具体预警系统中担任领导角色。该角色由以下几个规章、国家战略和总统指示来概述：《总统令63号（1998年5月22日签署）》（指定EPA为国家水利基础设施安全的领导部门）；《国土安全国家战略（2002年

6月）》（指定EPA为保卫国家供水安全负责单位）。《2002公众健康安全和应对生物恐怖活动法案》（简称《生物恐怖法案》），要求大于3 300人的供水服务社区要组织脆弱性评估并准备紧急情况的应急预案。法案还责令EPA对现存和将来可能的、针对社区供水系统的生化和辐射故意污染事件的防治、检测和响应的方法进行复议。

《关键基础设施的识别、优化和保护（HSPD-7）》（2003年11月17日签署）也加强了EPA在供水基础设施方面具体部门的角色。《HSPD-9》（2004年2月4日签署）通知负责农业、食物和水安全的联邦部门"开发一套稳健、综合和全面协调的监督检测系统，该系统能够提供对疾病、虫害和毒剂的早期检测和识别"。虽然该研究早于《HSPD-9》的执行，但支持了《HSPD-9》法案。

作为对《HSPD-9》法案的响应，EPA组织技术专家和饮用水社区的利益相关者来设计一套稳健、综合的饮用水监测项目，提供被袭击的早期迹象和最小化对公众的健康影响。目前，努力的成果就是"水卫士"，它是EPA在2006财年被选出的公共事业部门和实验室合作完成的示范工程。"水卫士"能设计、部署、评价和模拟在饮用水安全领域使用的污染物报警系统。污染物报警系统包括了监测技术和策略的使用和部署，加强监督活动收集、综合分析和通信，以提供及时的污染物事件报警和响应行动从而最小化对公众和经济的影响。

虽然EPA一直不停地精练该项目的设计理念，"水卫士"可以在四个层次上来检测污染物。一是水质参数的监测，二是直接监测和实验室分析和优先的生化辐射污染物，三是综合分析水系统数据和公众安全监督系统的数据，四是激活对消费者投诉的监督。再加上其他诸如地方法律执行部门的威胁情报分析报告等重要信息，"水卫士"可以利用数组和数据流整合分析来支撑稳定的污染物报警系统。"水卫士"设计理念背后的详细考量参见附录A。

自从2001年开始，EPA就在"水办公室"（OW）和"国土安全办公室"（OHS）里面建立了"水安全部门"（WSD）。EPA还出版了国土安全的战略计划。为加快国土安全的研究，EPA在"研究与发展办公室"（ORD）里面建立了"国家国土安全研究中心"（NHSRC）。由NHSRC、WSD准备的"水安全研究和技术支持行动计划"中，强调提升分析检测饮用水系统中生化、放射性污染物威胁的能力，是安全饮用水供应的重要组成部分。NHSRC已经和国土安全部（DHS），劳工部，水利益相关者，公共事业部门等合作研究包括"预警系统"（附录B）在内的广泛议题。EPA发起了和"预警系统"相关的很多研究，包括以下方面。

2.2.1 国土安全研究中心的研究

EPA的ORD下面的"国家风险管理研究实验室"（NRMRL）扩大了在俄亥俄州辛辛那提的"测试和评估设施"（T&E）地面"饮用水配水系统模拟器"（DSS）单位的规模。"水评价技术的安全评价与研究"（WATERS）位于"测试和评估设施"（T&E）中，并可以接触到NRMRL的DSS单位。在该设施中EPA有6种不同的DSS单位。DSS单位被设计和制造，用以评估和理解变化，而该变化会影响美国及海外基础设施中饮用水配水系统中的水质。所有的DSS单位的设计和制造都用于地面，可以方便地对整个管路饮用水配水系统进行管理。DSS单位包括6个独立的管路循环单位，3个单路封闭单位和两个去污研究环节。EPA当前正在和WATERS研究评估各种传感器和监测技术，饮用水配水系统模型，消毒和去污以及数据获取系统等。当前对传感器和监测技术的评估主要是看它们是否对饮用水配水系统中的事故、故意污染事件、威胁有响应。

2.2.2 环境技术确认项目（ETV）

"环境技术确认"项目是PPT项目，由EPA和私营测试和评价组织通过签订合同实现。"环境技术确认"项目目标是为商业化环境技术提供可信的性能数据，从而加速技术的应用使得技术的供应者、使用者、许可者和公众都受益。六个"环境技术确认中心"中有三个和水安全相关领域相关：他们是"高级监控

系统中心"（AMS），"环境技术确认饮用水系统中心"（NSF 国际合作）以及
"环境技术确认水质保护中心"（NSF 国际合作6）。之前一些由"环境技术确
认"项目测试的领域已经移交给NHSRC的"技术测试与评估程序"（TTEP）。

2.2.3 技术测试及评价项目

　　"技术测试及评价项目"是由NHSRC在2004年发起的基于大范围性能特点
的严谨技术测试。"技术测试及评价项目"的使命是为供水运营商，建筑和设施
经理、应急人员、后果管理人员和监管者的需求服务，即提供可靠的性能信息。
TTEP感兴趣的技术种类包括检测、监视、处理、去污、计算机模型、水利和废
水基础设施和室外环境设计工具。还会测试这些技术检测化学、生物和放射性
（CBR）以及战争制剂的能力。作为从"环境技术确认"独立出来的项目，"技
术测试及评价项目"和"环境技术确认项目"有很多相似的方面。但是"技术测
试及评价项目"不给技术供方提供确认陈述或者担保，它是在技术供方无论参与
与否的情况下进行的测试。

2.2.4 美国土木工程师协会的在线污染物监测系统设计指引

　　在和EPA签订合作协议之后，美国土木工程协会的"水务基础设施安全提升
标准委员会"（ASCE/WISE-SC）制定了临时自愿安全指引，涵盖了检测故意污
染事件的在线污染物监测系统的设计（项目第一部分第8节）。第二部分是制定
在水方面使用的合适的培训材料。第三部分是制定设计预警系统的、社区一致自
愿同意的最好实践标准。

2.2.5 用水群体

　　美国水厂协会（AWWA）已变成提供污染物检测方面观点和经验的一个用
水群体，而之前它被人所知的名字是"水污染检测工作组"。该工作组在2004—
2005年被EPA邀请参加了几次会议。用水群体特别关心EPA的TEVA的饮用水配

水系统安全研究项目。TEVA项目主要研发软件工具、方法论和战略，用于评估针对饮用水生化袭击对公众健康的影响。同时它还设计和评估减轻这种影响的应对战略。AWWA和水公共部门的一个小群体搭档工作，TEVA计划研究使用互联网模型和水公共部门那里获取的水质数据确认和提升TEVA。来自EPA、能源部国家实验室和大学里面的跨学科研究团队正合作研发这些工具。最终，TEVA项目的产品对单个公共部门设计预警系统将非常有用。这些信息的目标主要是评估饮用水管道系统传感器安装策略，以及污染事件发生后的最优化响应和恢复活动。

2.2.6 水安全工作组

美国饮用水咨询委员会（NDWAC）由关心完全饮用水的公众、国家和地方部门以及私人群体组成。NDWAC建议EPA作为有关饮用水议题的主管机构。NDWAC的几个工作组给全体委员建议，让全体委员在个体规则、指引和政策方面给EPA建议。水安全工作组（WSWG）的第一工作组被EPA指定承担识别、汇编对饮用水和废水处理公共部门积极有效的安全措施和政策的特点，并把这些措施和政策调整到发挥作用的水平。第二组主要考虑在水方面建立广泛、方便的识别触发执行这些安全措施和政策的机制，做出适当的建议。第三组主要考量这些安全措施和政策的执行范围，识别执行这些措施和政策的障碍，做出适当的建议。WSWG在2004年开始开会，在2005年6月给NDWAC报送了研究报告草案。2005年6月，NDWAC一致通过和采纳了未经修改的WSWG的研究报告，并把这些研究报告作为建议报告给了EPA。

2.2.7 水污染信息工具

EPA的2004年国土安全战略要求水污染信息工具（WCIT）团队提供优先污染物的重要信息，并研发包括污染物可处理性以及毒性级别等信息在内的工具组件。本项目中，在一个确定污染物事件中，当公用事业部门打电话给EPA国家响应中心时，就可以通过收取传真来获取这些详细信息。

国土安全战略建议WCIT应该定期的修改，以保证是最新的信息。

2.2.8　饮用水配水系统研究联合体

饮用水配水系统研究联合会（DSRC）在2003年建立，由EPA的NHSRC领导。DSRC成员来自水基础设施、水工业、EPA项目和地区办公室以及其他一些感兴趣机构的政府雇员。DSRC提供了一个在饮用水配水系统安全议题上的信息交换论坛。议题包括了EPA的研究（包括传感器、现场研究、传感器位置）、处置及去污化研究。

2.2.9　EPA办法及指引

EPA水办公室的地下水和饮用水办公室（OGWDW）维护了水基础设施安全的网页，其内容包括了"响应协议工具箱"（比如，站点特征和采样指引，分析指引），安全产品指引，国土安全事件中的标准化分析方法（在NHSRC网站）以及一系列监测生化和放射性污染物的传感器列表。

2.3　本先进技术综述研究的目的

在饮用水配水系统中的预警系统是很必要的，因为饮用水中，尤其是饮用水配水系统中的污染物是非常被关注的。应用于预警系统中的技术被迅速的研究和发展着，对预警系统进行最新的综述研究是非常具有挑战性的。

本研究的基础是"水安全研究与技术支持行动计划"第3节的内容。该内容建议测试和评估饮用水预警系统，把其他领域应用的预警系统调整到水环境中并聚焦于饮用水配水系统。

更具体地说，"水安全研究与技术支持行动计划"的第3.3节有以下四点有顺序并相互依存的内容：

（1）组织可能被用到饮用水供水和饮用水配水系统中的预警系统的调查，

以获取对预警系统的更深层次的认识。

（2）对可能被用到水公共事业部门的预警系统进行大规模的测试和评估，这些预警系统主要用于对污染威胁和污染事件进行早期警告。

（3）对可能被用到水公共事业部门的预警系统进行小（现场）规模的测试和评估，这些预警系统主要用于对污染威胁和污染事件进行早期警告。

（4）编写饮用水供应和系统保护预警系统应用的手册。

本研究报告主要是为了完成行动计划的第一项任务。包括对当前和将来预警系统技术和方法的全面综述，对这些先进技术进行评估，并指明未来的发展方向、研究障碍和技术议题。与水源水预警系统相比，饮用水预警系统面临一系列特别的挑战。饮用水包含了残留氯等各种处理水的化学物质。饮用水还需要流经很长的配水管道系统，这使得放置预警系统组件的位置变得很困难。其他三项任务应该由"水卫士"之类的项目来完成。以上四项任务应由EPA的NHSRC管理的全面综合项目的一部分来完成。与地表水监测有关的技术信息可以在《地表水VOC长期监测新传感器技术综述》（EPA，2003）报告中找到。

需要特定污染物（生化、放射性）与水质参数（当前已经在线监测的参数）的关系，以及与能检测到污染物事件技术之间的响应关系。一些潜在可获取技术和产品也可以作为预警系统使用。一些传统监测系统供应商也开始建议它们作为水安全监测系统使用。但在大多数情况下，这些系统的性能没有进行全面和独立评估。没有基础性能信息（比如，检测限，灵敏度、选择性、误报率和漏报率），很难去解释监测结果，以及提取必要信息用以支持适当的公众健康决策。

既然没有适合预警系统需要的保证措施，应用预警系统或最低限度评估的监测技术可能导致对安全事件的错误感知。这种误报可导致任何监测项目减弱其影响力，而漏报还会使预警系统受到怀疑。为适应水预警系统而对现有技术的调整、发展新技术的大量研究正在进行。

作为持续研发和有商业化前景的技术，需要一个验证预警系统性能的机制，这些验证应报告现场评估和测试。理论上，这些测试应该按照相应的标准由独立第三方进行。验证结果连同其相关数据应该提供给公共事业部门，以便于他们能在广泛的基础上，对预警系统中应用特别技术活动做出决策。EPA的TTEP能提供独立测试。利益相关者也参与到测试、制订测试计划以及回溯评估报告中的技术选择和确认活动中。在饮用水配水管路系统中设计一个预警系统并不简单，需要考虑以下问题：规划和通信、系统的特点、预警系统目标污染物的甄别、选择适合的预警技术、建立合适的报警水平和监测频率、应用水力学模型最优化传感器的数量以及位置、选择需要监测的参数、进行数据管理和分析。

最近三个项目补充了本报告的不足。第一个项目是ASCE-WISE-SC白皮书和指引（在本报告前面提到过），致力于给公共事业部门在设计和实施在线污染物监测系统提供特别指引（ASCE，2004）。相比之下，本研究综述了预警系统中先进的技术和方法，并对未来研发综合预警系统提供建议（比如，研究需求）。第二个项目，全国技术协会通过生化放射性技术协会发布了题为《水中有毒污染物监测设备技术评估报告》（2004）。全国技术协会促进为满足美国安全和防务技术需要的商业上的投资。全国技术协会的报告专注于原水和饮用水。相比之下，本研究专注于综合预警系统的组成部分（比如，监测、数据获取、流量模型），特别关注了配水管道系统中的饮用水。AWWA的一篇文章《水中污染物报警系统：为决策者提供可供行动的信息》提供了通俗易懂的有关监测技术、监测位置、数据传输、报警和响应的概要信息。

本研究提供当前最新技术综述（比如，及时快照）。在此过程中，指出需要长期或短期研究的需求，从而发展切实可行的预警系统。然而，本研究不可能对与预警系统有关的所有领域进行研究。本研究不足之处如下：本研究没有深入探讨饮用水污染物的特殊类型，而是以化学、微生物和放射性这三类予以研究；

这种分类在概括的水平上来评价监测技术是有用的。一种污染物在什么浓度可以被检测到，在什么浓度可以影响人们健康，对于评估一个（一套）设备是非常重要的；然而关于这些污染物类型和浓度的详细信息、研究内容要么是不能被公众获取的，要么就是处在收集和复审过程中。不同技术的检测限可以从供应商、政府部门或其他的测试验证实体获取，但是新兴技术因为是最新的技术所以还没有提供检出限。

设计预警系统是复杂的，设计和发展在饮用水配水系统中应用的预警系统仍然处于早期阶段，需要持续地努力。本研究提纲挈领地描述了预警系统的基础特征和特点，但没有详细论述。比如，本研究没有提供设备选择、设备安装位置、设置报警水平，整合其他诸如公众健康调查和用户投诉等独立数据流的准则。本书是先进技术综述而不是指引文本。就像上文提到的，ASCE已经提供了一些包括预警系统所具有的特点列表等内容的指引（2004）。本研究草案的审核者建议纳入预警系统的更详细的设计和实践内容。为完成要求，对设计可能性和充分考虑其他问题的多角度研究计划是必要的。这种计划使水的利益相关方，比如公共事业部门、适合设备制造商、研究者、政策官员等建立紧密关系。

本项目目的是对饮用水基础设施（特别是对于饮用水和配水管路系统）综合预警系统先进技术和方法进行综合全面的综述。致力于确认当前和将来预警系统技术的状态、将来的方向、研究障碍和方法问题。第1章主要提供报告的重点。第2章介绍了综合预警系统的概念，讨论了进行先进技术综述研究的途径。第3章对预警系统的特点及组成部分的特征进行了描述。第4章全面描述了预警系统的设计和运行，包括数据管理和分析，流量预测模型，传感器位置设置，报警管理，数据安全和响应通信。第5章展示了使用主要水质参数作为污染事件指示器的概念。使用和发展多参数水质特征来指示特殊污染物的努力也在第5章中详细叙述。第6～8章分别涵盖了化学、微生物和放射性检测方法和技术。这些章的内容由一个简单的格式组织起来，首先是技术的概述，其次是可获取或者可调整

应用到水检测领域的特别产品或者样机，最后是还在研发阶段的新技术。第9章
主要讨论第5～8章中技术的评估。第10章解释了对预警系统先进技术进行评估的
结论和建议。书中的表格根据章节和出现顺序编号。

2.4　本先进技术综述研究的途径

本预警系统综述研究报告涵盖的技术和方法可应用在包括预警系统在内的
多个不同的水监测领域。对预警系统组成部分的评估和综述包括几种不同形式的
资料收集和批评性审查。信息收集来源于专著、会议、研讨会、工作组和专家咨
询。综述和评估方法包括以下6个步骤。

步骤1：关注于故意污染事件，确认饮用水配水系统中可能出现的特征污染
物，并作为本技术文件的写作背景文件。

步骤2：总结预警系统的特征和特性及理由。

步骤3：建立一个作为预警系统组成部分的，可供使用的快速检测技术产品
清单；包括这些技术产品的功能和状态。其主要条款描述方法，然后是对应的产
品。这些技术产品包括水质参数监测仪、生化和辐射污染物的检测器。

步骤4：建立综合预警系统设计和运行状态的报告清单。主要的水质监测
仪，包括数据迟延、分析和显示技术、特殊检测化验技术都是预警系统的设计组
成部分。这些技术的所在地，它们如何相互作用，如何被安全稳定地制造，都是
预警系统设计和运行的综合组成部分。

步骤5：确认和讨论构建未来预警系统所需要的研究、差距、信息以及技术
进步。

步骤6：评估技术的性能和问题。

在步骤3和步骤4中确认的预警系统的商业产品，收集到的信息包括该产品
的主要描述信息。信息还包括它作为在饮用水配水系统中实时综合的预警监测系
统中检测的方法、被检测的污染物、检出限、确定度、普及潜力、当前使用效果
以及其他评论。所有这些讨论的技术和产品全面信息很难收集完整。本报告提到

的产品信息和制造商列表在附录C中可以找到。

2.5　信息来源

2.5.1　专家

政府、工业界、学术界和供水公司在本领域的专家通过电话、电子邮件、会议、研讨会和工作组等多种形式提供咨询意见。预警系统各专业学科由专业学科专家提供他们的知识和经验。多数情况下，产品及其应用信息是直接通过电话或者电子邮件和公司代表联系取得的。总的来说，产品和程序都是通过电话或电子邮件等个人联系方式取得的。所有的通信在2004—2005年发生。

2.5.2　会议和研讨班

预警系统的设计，其组成部分的技术是水安全的新领域。随着现场经验的迅速增加，在会议和研讨班中有价值的信息越来越多。本研究就包括几个会议的内容。本研究的原作者就参加了下述会议：

水安全会议，AWWA（2004.4—2005.4）

污染物监测技术研讨会，AWWA资助（Richmond Virginia；2004.5）

水基础设施安全提升工作组关于供水公司污染物在线监测系统设计指引（2004.5.19）

关于供水安全保障的快速检测技术（Washington，DC；2004.6）

2.5.3　出版的文献

本报告的结论来源于对获取信息的严格审查，而这些信息本身也来源于对出版文献、政府部门出版物、供水方文献、确认测试结果的同行评议。信息源如下：

文章和出版物（比如《水环境和技术》）

参考文献［比如《水源的预警预测监测系统的设计》（AwwaRF）］

商业化快速毒性监测系统的确认测试（美国环保局实施）

其他联邦部门在本领域中的研究（比如美国国防部和宇航局）

2.5.4　网络资源

本研究还评估应用了数百个网站的内容。网站的电子和纸质都存有档案以备将来查询，因为网站内容更新非常快。本研究引用的URL截至2005年4月。

2.5.5　工作组的成果

获取了聚焦于预警系统的工作组的成果，包括美国环保局工作组和水污染检测工作组。

2.6　选择产品和技术的标准

本研究目的是报告检测污染物（尤其是饮用水配水系统中生化、放射性污染物）的最新技术和方法。在相对较新的领域中专注于有前景的产品和技术，本研究对列入的技术和产品制定了标准。很多概念上、当前没有预见到可在水领域使用的技术和产品被删掉了。关于选择技术标准的完整讨论，所调查产品技术的详细内容见附录C。

明确技术发展的三个类别：（1）现在可在预警系统中使用的技术（已经在使用的、现货供应的技术或者可以被供水公司使用的技术）；（2）潜在的和可调整到预警系统中使用的技术（可使用，但需特别步骤以满足在饮用水配水系统中使用）；（3）可能应用在预警系统中的新兴技术。

本报告中，技术被按照以上三个类别来划分（现存的、潜在可调整的、新兴的），在定性水平上提供细节信息。除了特别说明外，本研究中大多数产品的制造商都表明没有经过独立评估，也没有被EPA认可。

3　综合预警系统应具有的特性和特点

预警系统不仅仅是监测技术的集合体，还是一个有效利用监测技术、分析、解读、传输结果以及使用结果决策的综合系统，用以保护公众健康，最小化社区中不必要的关注和不方便。预警系统可用于识别故意污染事件和其他非故意的水质损害。为了成为一个广泛使用且有效稳定的配水安全系统的一部分，下面将描述综合预警系统所应具有的特点。

3.1　综合预警系统应具有的特点

作为广泛使用、高效和可靠的饮用水配水系统安全和质量监测系统，一个理想的综合预警系统应具有以下特点:

- 提供一种快速反应
- 可以检测到足够多的潜在污染物
- 具有相当程度的自动化，包括自动采样
- 成本购置，维修和升级费用低
- 技能和培训需求低
- 识别污染物的来源，准确预测其位置以及监测点下游的浓度
- 监测污染物有足够的灵敏度
- 允许最小的假阳性/假阴性率
- 具有在水环境中操作的耐用性
- 允许远程操作和调整
- 连续运行

● 允许第三方测试、评估和验证

目前，具有所有以上特性的预警系统并不存在，然而，预警系统的部分可以满足以下核心特点：（1）提供一种快速反应；（2）在保持足够灵敏度的情况下检测一定数量污染物的能力；（3）可实现自动远程监测。缺少这三个核心特点的预警系统不能被认为是有效的预警系统。尽管需要强调这三个核心特性，其他一些特性在设计预警系统时也不能忽略。比如，在解读监测结果时，一定要考虑给出一个误报、漏报率以及方法的灵敏度。系统运行维护的成本、采样率、稳定性都应该在设计预警系统的时候考虑。此外，供水公司一般不愿意购买没有被第三方验证的技术。

3.1.1　快速响应时间

预警系统的响应时间一般是指污染物接触到传感器到有结果报出和触发响应这段时间。理想的预警系统将及时进行检测和解读、报警信息通信，在人们健康受损之前采取减轻损失的响应行动。特别需要预警系统在污染事件发生和污染物被检测和识别之间的响应时间越短越好。响应时间使用的技术和对污染物识别的多种方法两点决定。比如，一种方法包括了初始发出警报的技术以及随后的另外一种确认技术。在大多数当前文献中，快速检测技术的速度是指采样到最终结果解读的时间。ILSI的报告《用于供水设施中有害事件检测的预警监测》认为小于等于两小时内报出结果就可以算快速。一些制造商称他们的现场采样设备装置为快速检测技术。要注意到这一点，即使一种技术声称只需要2min的化验时间，但是测试前设备需要30min来设置和预热，那么有效的时间将会是32min。此外，样品从现场采集的时间也影响了总的响应时间。

响应时间当然还包括污染物分析结果报告到决策者的时间，发起决策程序响应的时间，发起响应计划实施的时间。既然预警系统定义迅速包括"足够行动的时间"，就应该定义可采取的行动为何物。比如，防止污染物到达水龙头可采取的行动可减轻影响的措施包括关闭泵，或者简单的提示措施——烧开水。

虽然检测、数据分析、决策、响应贯穿了预警系统响应时间的所有方面，似乎检测技术不应该成为响应过程的瓶颈。理想的快速检测技术应该有高通量（收集数据或每几分钟采样），快速化验以及很短的数据分析时间。在最有利的情况下，污染物被检测到，做了决策，并采取响应措施，这一切都在污染物到达消费者的水龙头之前做好了。在此情形下，预警系统应向"监测并保护"（偶发事件监测和避免暴露）和"监测并报警"（在明显的暴露和威胁公众健康之前检测到偶发事件，需要几个小时）方向倾斜。那种"监测并处理"（在暴露已经发生或者公众健康指标已经受损之后才监测出偶发事件）的系统符合污染物报警系统的标准，但不满足预警系统的标准。然而随着接近实时监测的污染物（类）检测技术能力的不断发展，可以预见到污染物报警系统将发展到"监测并报警"阶段。

3.1.2　污染物的范围

在设计预警系统的时候，关注于特别的饮用水污染物是不切实际的和没有收益的。此外，冗长且无遗漏的试剂清单会对可能的威胁造成扩大范围的误导（WHO，2004）。因为污染物和潜在的威胁清单非常长，期待出现对现场的每一个污染物或者是威胁进行区别的检测技术是不合理的。没有限定范围的污染物清单（现存的和将来出现的）将消耗任何饮用水配水系统的资源和技术能力。取而代之的是，需要采取一定的程序根据污染物的特性（诸如物理化学特性，来源，公众健康影响，可能用于破坏饮用水配水系统可能性）来进行分类。这些特性将非常有用，因为他们有助于甄别适合的类型、位置以及监测技术的成本。然而一套（一组）能够监测污染物或者其他威胁的大类别的技术来取代每个污染分别检测技术是必要的。有毒化学物、放射性污染物和微生物病菌这三个大类需要特别检测和识别方法。另外的子类见表3-1（EPA，2003/2004）。

表3-1　饮用水污染物分类及其例子

类别	例子
微生物污染物	
细菌	炭疽杆菌，布鲁菌属某些种，伯克氏菌属，弯曲杆菌属，产气荚膜梭状芽孢杆菌，大肠杆菌O157:H7，土拉热弗朗西丝（氏）菌，伤寒沙门氏菌，志贺氏菌属，O1群霍乱弧菌，鼠疫耶尔森（氏）菌，小肠结肠炎耶尔森菌
病毒	杯状病毒、肠道病毒，肝炎A／E、天花、委内瑞拉马脑炎病毒
寄生物	孢子虫、溶组织内阿米巴原虫、弓形虫
化学污染物	
腐蚀性物质	马桶清洁剂（如盐酸），树根溶解剂（如硫酸），排水清洁剂（如氢氧化钠）
氰化物	氰化钠、氰化钾、苦杏仁苷、氯化氰、铁氰化钾盐
金属	汞、铅、铊，它们的盐和有机化合物及配合物（甚至是铁、钴、铜的配合物，这些配合物的高剂量是有毒的）
非金属氧化物，非金属无机物	砷酸盐、亚砷酸盐、亚硒酸盐、有机砷、有机硒化合物
含氟有机物	含氟有机物，三氟乙酸钠（杀鼠剂），氟代醇、氟表面活性剂
碳氢化合物及其含氧卤代衍生物	油漆稀释剂，汽油，煤油，酮（如甲基异丁基酮），醇（如甲醇），醚类（如甲基叔丁基醚MTBE），卤代烃（如二氯甲烷，四氯乙烯）
杀虫剂	有机磷农药（如马拉硫磷），氯代有机物（如DDT），氨基甲酸酯类（如涕灭威）
恶臭，有毒的，难闻的，和/或工业用化学品	硫醇（如巯基乙酸，巯基乙醇），胺（如尸胺、腐胺），无机酸酯（如亚磷酸三甲酯、硫酸二甲酯、丙烯醛）
水溶性有机物	丙酮、甲醇、乙二醇（防冻剂）、酚、洗涤剂 无机酸酯（如亚磷酸三甲酯、硫酸二甲酯、丙烯醛）
除杀虫剂之外的农药	除草剂（如氯苯氧基或阿特拉津衍生物），杀鼠剂（例如，Superwarfarins，磷化锌，-萘基硫脲）

类别	例子
药品	强心苷，某些生物碱（如长春新碱），抗肿瘤化疗药物，（如氨基蝶呤），抗凝剂（如华法林）。包括非法药物如LSD，PCP和海洛因
化学毒剂	有机磷神经毒剂（如沙林、塔崩、VX）、发泡剂[硫氮芥（氯化烷基胺和硫醚类）]，路易氏剂
生物毒素	植物，动物，微生物和真菌来源的毒素（如蓖麻毒素，肉毒杆菌毒素，黄曲霉毒素）
放射性污染物	
放射性核素	不是指核弹，氢弹或中子炸弹。放射性核素可用于医疗器械、工业辐射源（如铯-137，铱-192，钴，锶-90）。本类包括放射性金属和盐

3.1.3　自动化和远程操作

自动系统和手动采样分析相比有很多优点。自动系统的采样频率容易被控制和追踪。尽管人为操作仍然也存在自动系统中，也可能导致人为的错误，但是和手动采样分析相比这种人为因素已经大大减少了。用自动监测系统更容易实现远程监测，因为人员不需要每次采样时都到采样点。技术的远程操作也是有价值的。除需要调整参数、校正和确认有效需要人到达现场外，设备能够在现场无人值守自动运行。如果每台仪器设备都需要调整参数，即使最优化的行程也是麻烦的。需要通过一个中央控制中心来负责系统的调整、校准和确认有效，但现在使用的很多污染物检测器都没有这样一个控制中心。

"在线"意味着某种程度的自动化、远程控制和实时能力。"在线"至少指设备长期监测的能力。"连续在线"能用来强调实时能力。这个短语不要和"在线上"和"在管道内"混淆，后两者专指在管道或者饮用水配水系统中安装设备，这样饮用水配水系统中的水就不需要从饮用水配水系统中引出来便于采样。"在线上"和"在管道内"技术同样是"在线"。

确认需要测试的时候，就要自动采样。报警被触发时，触发报警的水样就被自动采样器采集了，样品在现场用便携式设备或者在实验室进行更复杂的测试。如果没有自动采集的样品，那么在甄别是否监测到瞬间污染，还是误报警就存在问题。因为饮用水配水系统中很少安装流量监测计，就很难在手动采样和监测之前预测那些需要关注的能瞬间检测到污染的传感器。即使有综合分析多功能传感器的数据和能预测下游污染物位置和浓度的流量模型，仍然需要采样；特别是在偶然事件中需要有犯罪调查结果的时候。

3.1.4　可负担的监测成本

监测成本可负担是非常重要的。尽管对于不同的供水公司对"可负担"理解不同，但本章所列的预警系统应具备的特性和特征可以作为设备需求方对比产品系统的检查列表。此外，潜在的使用者还会考虑其他因素，比如，设备出库速度，供应和维护成本，其他高优先领域的预算需求。一个成本效率合算的预警系统将会发展迅速。用既定吸纳成熟新技术的步骤，通过模块化设计预警系统获得进展。这种螺旋式发展将使预警系统不断进化，包括性能和成本的进化。同时要注意到，监测成本除了资本成本，还有操作和维护的成本。

3.1.5　所需技能和训练较少

技能水平和培训需求将影响检测技术的成本从而影响整个预警系统，还影响系统的有效使用。复杂的技术（需要进一步练习和实验室操作经验的培训以便于正确实施技术）将会在人员变动太频繁的时候间歇性地停工。相反，低技能和所需培训量少就能有效运行的技术，更容易在连续一致的基础上得到有效作用。技能水平和培训需求应包括采样、分析技术、分析和解读软件的应用上等方面。

3.1.6 污染物来源

需要尽快确认污染物信息的位置，这不像预警系统能精确指出污染物进入的点，但是它能给调查偶然事件和缩小调查范围提供指引。假设污染物仍在扩散，则阻止污染物的进入也是有价值的。在发生故意污染事件的情况下，污染物进入的位置还是刑事调查的主题。事故性污染物的进入饮用水的位置也需要被评估。整个系统的监测设备安装位置和特殊污染物流量模型将会辅助追踪污染物进入管道的位置点。此外，一旦污染物经过检测点，精确地预测污染物的位置和浓度就是非常重要的。这对于管理措施的介入点、采样点和其他响应措施采取点都适用。这对于甄别处于风险中的特殊用户，以及预测暴露量都将是非常有价值的。

3.1.7 灵敏度

分析和测试的灵敏度影响供水公司决策，也影响监测成本。在需要监测低浓度污染物的情况下，智能检测相对高浓度污染物的分析方法就没有效用。通常监测非常低浓度污染物的分析方法不合适监测高浓度的污染物，而且比其他合适的方法更贵。然而，一个能测定大范围浓度的方法不能定价太高。对于管制单上的污染物，应该有至少一个方法能达到检测污染物（前提是该污染物的浓度在管制的水平上）的灵敏度。对于潜在的有害污染物（比如，CBW），选择检测方法的阈值是一项基于保护公众健康的科学工作。

3.1.8 最小化假阳性和假阴性

假阳性和假阴性率高可以使系统实际上失去作用。假阳性和假阴性率可以是综合预警系统单个监测仪器的，也可以是整个预警系统的。假阴性是有确切浓度的污染物未被检测，这就降低了饮用水被保护程度。这有可能导致公众健康灾难性影响，还会让公众对饮用水供应失去信心。来自设备或者是分析的假阳性会减少有效响应时间，因为每次获取了阳性结果就必须由进一步实验室分析测试来确定。如果真阳性的因果关系是肯定的，那么假定阳性的结果也会触发响应措施。每一个响应措施都有直接成本和劳动时间成本。如果初始结果被证明是假阳性，那么已经花的钱就是不必要的。这在某些情况下会削弱公众对预警系统的信任。每一次被公众发现是错误的报警，都会提高公众忽略未来报警的比率。这当真正污染事件发生时，其对健康的影响就会被扩大。在很多案例中，在开始响应行动之前都需要时间来确认监测结果。

适当的数据分析和时间相关性技术可以减少预警系统误报警的比率。只有那种非常低的假阳性和假阴性率，或者非常快速确认污染物的技术方法才被认为是预警。美国国防部高级研究计划局（以下简称 DARPA）的生化传感器标准研究提供了一种评估传感器的方法，那就是在灵敏度、正确监测的可能性，假阳性率和响应时间之间取得一种性能平衡。Hrudey 和 Rizak（2004）已为有害污染物监测及其判断证据研发了一套统计分析框架，为饮用水安全领域的平衡假阳性和假阴性错误方面提供一种数学眼光的判断。此外，Bravata 等（2004）描述了敏感性、特异性、预测试和结果测试的可能性在检测器工作特征曲线（通过图标联系来预测假阳性和假阴性信息）中如何报告的。作者还建议已出版的临床诊断评估的测试指引可以调整用于评估检测系统，因为诊断测试指引被很好地建立并有提升研究设计，可以对敏感性和特异性（或可能性）相关可接受标准提供无偏的预测。制造商和第三方确认机构应量化监测技术假阳性和假阴性的比率。

假阳性和假阴性可能源自人的错误，比如，不精确的吸液或者混淆了方法。饮用水配水系统中存在的化学物质或者本身的环境会干扰某些类型的分析测试。氯的残留物会干扰对氯的测试，因为有些方法是把氯看作有毒物来测试的。氯对于生物毒性监测仪（鱼、细菌）来说也是有毒的。铜和其他金属也会影响其他分析方法。通常发生在饮用水配水系统中的生物膜（覆盖在管道内部的微生物群体）能被很自然的去掉，在饮用水中释放微生物。微生物检测技术可能混淆当前微生物背景值和故意污染事件。这类的干扰会在第9章详细讨论。

应该将作为整体的预警系统和单个设备或分析方法的假阳性和假阴性区别开来。单个有假阳性和假阴性可能的技术可以被综合设计的预警系统来补偿，这种具有确认测试和备用测试的综合预警系统的假阳（阴）性率会很低。

如果紧急响应计划包括征用其他社区资源，当一定时期内的误报警超过某个数量，供水公司就会考虑当地政府是否会对误报警的组织或个人罚款。

3.1.9　运转的坚固性和连续性

预警系统及其相关技术应该能减少损坏，以及由人力或者环境条件（比如，暴露在水环境下的条件）造成的不准确。坚固性降低了维护成本，提升了可靠性。软硬件的选择都适合这些原则。维护过程中的人力错误应很容易被检测到。避免震动、摇晃和跌落很敏感的设备会减少供水公司可能更高的维护费用。即使设备放在没有太阳直射和有防雨保护的位置上，温湿度等环境条件的波动也会影响预警系统。容易崩溃，或者对于使用者来说太过复杂的软件会使整个系统失去效用。对于手持设备需要考虑电池的寿命。在线设备在断电之后的自动重启是必要的，特别是那些远程运行的设备。对于预警系统来说连续、可预测、经年运行是其首要的特点。

3.1.10　第三方验证

第三方验证评估的主要作用是甄别特定设备和方法性能是否像他们广告声称的那样。EPA的ETV和TTEP项目对与预警系统相关的几个产品提供了第三方验证评估。另一个提供第三方验证的组织是AOAC，它声称其职责是"通过一致构建，为社区利益相关方提供必要工具和程序，为分析科学家群体研发适合目标的方法，并提供保证测量质量的服务"。

3.2　综合预警系统设计特点

设计综合预警系统需要其所有组成部分的概念性框架。图3-1列出了综合预警系统各个组成部件的特点。综合预警系统包括选择传感器、决定传感器的位置、获取数据，进行数据分析、开发通信和公告连接工具、建立决策程序以及开发响应协议。公众健康监督、监测、客户投诉和结果管理则是在更广定义上的污染物报警系统的特点（见附录A）。本研究更多地关注饮用水配水系统中污染物传感器和检测器的使用以及相关的数据传输的通信网络。

图3-1　综合预警系统的设计特点

考虑到特别安装到饮用水配水系统中综合预警系统，供水公司应该遵循一个结构化的决策决定程序。图3-2展示了设计预警系统的概念性程序。供水公司应：（1）决定预警系统的需求；（2）实施正确和必要的计划和协调工作；（3）准备综合预警系统的实现路径；（4）研发预警系统设计的细节。下面会详细介绍这些步骤。大多数这些信息在预警系统的设计程序中由Hason和其同事在《水资源更新》中被综述研究过了。EPA正在设计污染物报警系统，该系统和一个叫作"水卫士"初始研究有关。EPA和饮用水利益相关方携手一道，正在研发进一步设计和先导控制的操作性概念，这将在被选中的供水公司中试点部署。

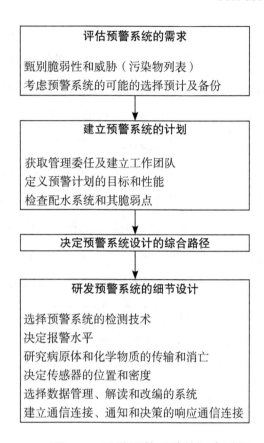

图3-2 设计预警系统的概念过程

3.2.1 对综合预警系统需求的评估

在评估综合预警系统需求的时候，供水公司应该重新评估其自身的脆弱性，特别是那些对于故意污染事件很脆弱的饮用水配水系统。脆弱性评估应考虑偶然事件威胁，偶然事件的结果，预防能力的状态，以及对这样事件的响应。此外，供水公司应该描述其饮用水配水系统的特点，用以判断预警系统是否为保护公众提供了合理的方法。供水公司的大小，操作者和脆弱性都是考虑的因素。供水公司同样要考虑综合用户投诉监测数据、公众健康监督数据、污染物传感器数据整合到通信网络的成本效益。供水公司还应该考虑到当前预警技术的成本和可靠性。尽管保护公众健康是预警系统的首要目的，公众对预警系统有效性的感知同样要考虑进来。不仅仅是要让公众实际上被保护了，而且要让大多数公众最大可能地感觉到他们被保护了。在这种情况下，供水公司应该考虑释放一些级别合适的信息给公众。当然这些信息的级别足够建立预警系统的自信和防止被攻击，但不能削弱预警系统的有效性。供水公司可能会选择那种含有用户关注模块的预警系统设计。

供水公司的大小将影响预警系统的设计。大、中、小供水公司需要考虑的不同点非常鲜明。比如，对于饮用水系统传感器数量和放置策略就有赖于供水公司的大小，包括饮用水配水系统管线的长度，服务人口，动态流量等。污染物威胁的类型也会因系统的大小而不同，预警系统的设计也应该反映这些不同。此外，不同大小供水公司在综合预警系统上的预算也有很大的不同。比如，中小型供水公司可能需要依靠低成本的屏幕技术来连接水质监测数据和用户投诉数据，而不是投资于昂贵的在线系统和污染物确认识别设备。小系统没有复杂的诸如SCADA数据收集和分析系统。因此其预警系统的设计可能需要较少的自动化或者只是需要手工数据收集分析技术。

3.2.2　建立预警系统的计划和协调

一般是管理层决定研发预警系统能力设置。预警系统的设计计划需要供水公司组织一个团队。团队的成员包括供水公司、当地政府健康部门、应急响应单位、法律执行机构和当地政治领导者。预警系统计划应该明确定义预警系统的目的。计划包括监测结果或其他数据如何被解读、使用和报告。计划要设置运行标准和其他实质的设计要素。团队还应考虑法律法规问题，并制定预算和确定项目实施的时间线。需要注意，为饮用水建立预警系统的计划和工作协调可能是分开的，但这又和建立水污染物预警系统相关。

为执行预警系统建设计划，团队应调查被监测的饮用水配水系统的特征；比如，流量、水压、可监测的位置、用水模式、管线的范围、管线的位置、泵的位置等。水力学模型在描述这些特征时非常重要。

此外，团队还应特别检查故意污染事件中可能涉及的饮用水配水系统的脆弱点。在生物恐怖袭击法案中要求的事先脆弱性评估在评估物理安全方面非常有用。扩大的脆弱性评估将有助于确认污染事件可能发生的场景（比如，泵克服了管道压力），还有污染物侵入的位置和方式（比如，短时间倒下，泄漏，泵或者长时间溶解基质）。污染事件的持续时间对预警系统来说是非常重要的参数。水力学模型在确认这些饮用水配水系统的部分时非常有用；如果模型选择适当，会得出关于时间敏感性的结论。脆弱性评估还有助于确认目标污染物。在污染物监测哨点选择中还应该考虑系统脆弱点、移除或无害化特殊污染物的处置障碍点。优先监测污染物列表应包括大范围特殊污染物及其分类。包括EPA在内的多个政府部门的优先监测污染物列表是可以获取的。这一步非常重要，因为预警系统的不同组成部分被选择用于检测毒性、微生物和放射性污染物。在设计预警系统时，还需考虑系统运行维护需要、系统管理问题、安全培训和演练等人力资源需求，以及系统对新技术的升级需求。

3.2.3 决定预警系统设计的总体方法

研发设计有效的预警系统有很多方法，实现实时连续监测是研发预警系统最终的目标。在实现最终目标以前应寻求比较有效的中间预警系统架构。在2006预算财年，EPA启动了"水卫士"（EPA的示范项目），该项目由经选择的供水公司和实验室合作，其目的是设计、使用和评估饮用水安全的污染物报警系统模型。EPA和其合作伙伴通过项目，获取操作和战术上的经验。这将有助于他们在标准化和成本效率方面，协调相关管理监督活动和饮用水监测活动。在该项目实施并得出结论之前，下面提供了预警系统（有设计可能性的）能力和缺点的简短讨论：

在设计饮用水预警系统的领域中，部分专家支持两级预警。第一级预警是使用实时传感器来提供类别报警（是触发报警）来告诉大家水中有污染物。如果第一级预警有效并正确锁定了地点，在几秒钟之内就能进行初始检测。并触发第二级预警，即使用更专业、更灵敏的技术来确认和识别污染物（ILSI，1999；

Hasan，2004）。第二级预警技术可以是位于现场的技术，也可以是携带到现场的便携式仪器或者技术。其分析时间可能需要几分钟或者是几小时，这取决于检测方法和检测点在饮用水配水系统中的位置。这种分级适合于当前没有或者技术很有限的情况，这种技术是指可负担的、在线的实时监测，以及确认众多特殊污染物的技术。第一级预警中的筛选性分析监测并不能组成有效的预警系统。用于确认阳性结果的筛选性分析监测应该被整合到预警系统的整体设计中。有关预警系统的第一级、第二级的完整讨论见表3-2。部分专家认为在第一级获得大量假阳性结果的可能性很大，这就需要有剔除水质正常起伏导致假阳性结果的技术。

表3-2   使用两级监测的预警系统方法

第一阶段监测

　　在配水系统中连续监测主要水质参数（浊度、温度、pH、ORP、电导率等）具有潜在提供第一级监测污染事件（故意或事故性）的能力。部分，但不是全部的污染事件可以导致水质的上述参数测值会发生可检测到的变化，这足以提供有效报警水平。故意污染事件可以导致水质参数测值的变化，这种变化呈现一种"指纹"（特征）可以指示某种可能的污染物。在实验室中，使用封闭的配水系统、水质监测仪器，受控的某个污染物或者污染混合物的释放，然后收集在污染物释放过程中的水质数据。然而在异常测值被确认之前，要确认水质参数的正常波动基线；这点是EPA和其他机构正在研究的主题。一些水质波动模式可以和暴风雨或者某种运行条件相关。要使监测系统能检测污染事件有用性最大化，就需要相当多的诸如周期性的（日、季节等）和事件性的相关波动经验数据。因此，假阳性是供水公司很关注的问题。第5章综述研究了包含在第一阶段中有监测能力的特别的技术和研究项目。第一阶段的监测参数不应该局限在传统的水质参数中，它应该有所超前，即使用先进的传感器技术，当然也包括以生物为基础的监测仪器。

第二阶段监测确认

　　在第一阶段监测已经"举起红旗"后就需要第二阶段确认监测，即用于确认检测或者描述特殊污染物的特征。第二阶段的确认监测不同于第一阶段的监测，第二阶段的技术不适合对于高流速水体的连续采样。第一阶段的监测，测量速度以秒计算，第二阶段确认速度更适合以分钟计算（10～120min）。因为第二阶段的确认经常没有连续操作。其准备时间（溶液混合、设备预热），样品获取时间（获取用于检测的合适样品），化验和分析时间都应包括在预估时间中，即从最初"举起红旗"的时间到第二阶段确认完成的时间。第二阶段的确认信息更明确，有助于选择目的性更强的响应措施。特殊污染物的快速确认也有助于减少对潜在暴露人群健康的不利影响。

注意：　"阶段"是指在同一预警系统的不同检测水平。它不指短期预警系统设计和长期预警系统设计目标。

另一种设计路径，也可叫中间预警系统设计，就是：（1）使用多个水质监测仪提供污染"红旗"警报；（2）通过快速特殊的污染物监测仪（比如，砷或者氰化物分析仪）来频繁地采样和分析；（3）每周自动采集水样并针对一系列污染物进行分析。水样可以被现场方法和实验室设备分析，这两种方法都比在线污染物检测器要先进。这种路径使用一些已建立起可以获取的技术（比如，连续监测的化学监测器、自动采样器、已建立的微生物测试），有着一般报警监测方法的好处。这种路径提供一种中间水平的预警监测系统。

另外一种更高级的预警系统设计是使多参数水质监测仪、例行的混合采样、用户投诉和公众健康监督结合起来，触发确定的监测测试。这种预警系统提供了一种确认发展中的大尺度潜在污染事件的预警方式。

无论什么路径，一个适当设计的预警系统应该包括为实现特定监测目的的所有其他元素，足以帮助决策者为公众健康而响应决策。预警系统也可以被设计为供水公司所有水安全项目的一部分。为了对故意污染事件进行报警，预警系统要为提供水安全而扮演例行监测和承诺监测两个角色。其他信息源，比如，用户投诉有可能也意味着故意或事件性污染。供水公司之间也会分享经验，并在最新研究发展和测试结果领域保持联系。这种讨论也应该成为预警系统设计途径的一部分。

3.2.4　综合预警系统的细节设计开发

本节描述的步骤是一系列相互关联的子步骤，因为来自一个子步骤的信息会影响另外一个。比如，预警系统检测技术的选择决策有赖于选购设备的个数和安装的地点。报警水平的选择可能影响预警系统技术的选择。因此，所有这些子步骤都应该一起讨论。

- **选择预警系统检测技术**

一旦预警系统的目标污染物被识别，需要设定被识别污染物的必要检测浓度，就要选择这种（类）污染物的检测技术。这是基于这种核心需求的预警系统已经存在的假设。此外，监测技术应该能够处理复杂的水质基质。这需要额外的步骤来移除水质基质中的物质，或者一个浓缩步骤来帮助检测和量化。尽管为实验室方法研发了微生物和化学物质分离、浓缩和提纯技术，但是这些技术在现场检测设备中并不适用。预警系统考虑使用的技术应该被评估并保证方法的所有步骤都应在没有外部干扰的情况下正确地运行，并能检测到目标污染物。用可接受的方法来确认现场使用的技术仅仅是第一步。监测技术的运行表现也必须符合监测项目的数据质量目标。数据质量目标，比如，特异性、灵敏度、精确度、准确度、重现性、假阳性和假阴性等应该在预警系统的设计阶段就确定。如果监测技术不能满足这些数据质量目标，那就应该选择另外的技术。如果没有满足这些目标的技术，那么预警系统就不应该被实施，或者预警系统的目标需要重新修正。如果是后者，就应该修正方法使得监测结果和修正的数据质量目标一同呈现。目前有非常多的可获取预警系统检测技术（见第6、第7章）。这类技术可在线使用并提供更实时的能力。

- **决定报警水平**

设置报警水平依赖于污染物需要被检测（基于健康风险）的水平来决定，同时还要考虑在用预警系统的类型。报警触发的初始响应应该在预警系统有效使用之前构建。带有在线监测的自动系统应该具有特别报警能力。操作者应能设置报警阈值，这样如果读数超过了安全范围，系统就能自动地触发报警。系统性能优化将设置允许的报警触发率，这会最大限度地减少误报同时仍能检测可能构成健康风险的污染事件。如果误报导致通知公众停止用水，公众健康和公众信息的公信度都会被影响。

- **对病原体和化学品的衰减和运输建模进行研究**

化学和微生物污染物在它们迁移到水系统中之后的行为有非常多的变化。环境条件，氧化剂和其他处理化学试剂的存在以及系统的水力特征都会影响这些污染物的浓度和特点。如果影响污染物传输和消亡的污染物特征信息可以被获取，那么它们都应该作为影响因子贯穿到预警系统设计中。比如，如果目标污染物已知在某种浓度游离氯存在的情况下有一定的降解率，那么就有可能使用饮用水配水系统中动力或化学模型来预测通过系统的污染物的浓度概况。这种信息还可用来优化监测传感器的最佳位置。

- **决定传感器的位置和密度**

在饮用水配水系统中优化监测传感器位置是一个非常复杂的工作。预警系统的传感器位置和密度由以下因素决定：系统特点、脆弱性和威胁评估、使用习惯、风险最小化和成本效益划算。因此，最容易放置传感器的位置不一定是生产最有用信息的位置。传感器位置下游的人口多少是选择位置的有用的标准，但也可能不是系统模拟的最佳位置。考虑到饮用水配水系统的复杂性及其动态变化的特性，研发可用于供水系统的水力学模型来优化传感器安装位置是有益的。实时综合的水压流量数据对建立流量模型有用，这种模型有很好的描述预测能力。其他优化传感器位置的因素是隔离阀位置，关键节点位置（医院、紧急响应）和物理安全位置。即使在饮用水配水系统中最优化传感器位置，也可能没有足够的时间来防止一部分公众暴露在污染的饮用水中。最优的结果是，在饮用水配水系统中运行的监测系统提供暴露时间，然后根据时间来隔离污染的水，启动减轻和修复损害的行动及措施。

- **选择数据管理、解释和再生产的系统**

连续、在线监测系统的一个挑战就是管理系统产生的大量数据。其关键是数据获取软件和数据管理中心。这需要给预警系统中的单个传感器配备数据传输器、调制解调器、直接线缆和其他通信方式来实现获取数据和管理系统的功能。此外，数据管理系统还有一定水平的数据分析和预测未来趋势能力，以协助判断是否超过了报警水平。使用可以评估未来趋势的"聪明"系统可以区分真正的水质偏离和噪声，这可以最小化误报警的概率。当数据管理系统检测到数据偏离到报警水平以上时，就必须做出是否采取措施的决定。至少系统要通知操作者、公众安全部门或者紧急响应官员。可能的情况下，应使用有冗余的通信系统（比如，通过电话或传真通知多个人）。在一些案例中，可以指定数据管理系统发起初始的响应行动，诸如关闭阀门或者采集额外的样品。然而，这些发起的响应被当作简单的预防措施，决策者应该做另外的决定性响应决策。来自许多不同参数和污染物检测器的数据综合分析使得综合预警系统不仅仅是检测技术和化验方法的集合体。通过核实质量控制和质量保证程序及其合适的记录来保证数据的有效性。数据有效性指引根据不同类型的数据有所不同，并主要依赖数据的使用计划。数据安全是综合系统的必要部分，这在数据传输、分析和储存过程中非常重要。显而易见的原因是，保证数据从远程传感器到数据中心传输的过程中不被篡改和意外毁坏是重要的。因为之前获取的数据被用来找出变化模式，所以保证旧数据不被篡改和意外毁坏也很重要。

- **建立响应通信连接，通知和决策**

综合预警系统应包括连接命令中心操作者和任何响应决策者的通信网络。通信网络应协助把决定性的信息迅速传递给供水公司执行响应的决策者。响应包括供水公司通知外部合作方，比如，公众健康官员、警察和其他紧急响应部门。供水公司根据地方法规和法律决定何时需要通知外部合作方。总之，在给其他机构报警之前，威胁应该被确信。当预警系统触发报警时，很多响应都是可能的。监测仪给控制中心报送数据时就把信息传递给了供水公司决策者。相应地，在饮用水配水系统中的响应（比如，关闭阀门）也使用同一个安全通信连接。更进一步的行动包括在饮用水配水系统合适的位置针对污染物监测和采样，监测可以指示污染物的替代参数（比如，增加的需氯量，pH的变化）。EPA的"响应协议工具箱"（环保局2003—2004）详细地描述计划响应部分。

为综合预警系统研发了这个复杂的策略后，供水公司就需准备包括购买和安装设备、提供维护和操作程序、提供培训和测试，以及训练系统及人力等方面的具体计划了。

4　预警系统相关的数据获取与分析，污染物流量，传感器位置，报警，数据安全，通信、响应和决策的特点

本章目的是描述预警系统（不包括传感器）的先进技术特点。这些预警系统特点包括实时数据获取与分析，污染物流量预测系统，传感器位置，报警管理，安全执行，通信、响应和决策等方面。预警系统设计和运作的特点应作为一个整体计划来解读、使用和报告监测结果。

4.1　实时数据的获取和分析

4.1.1　基础

预警系统的连续实时水质检测系统有获取大量原始数据的潜在能力，在没有数据收集和管理系统的情况下是不可管理的。供水公司在收集水质信息和管理他们的饮用水处理工厂和饮用水配水系统方面是非常熟悉的。在75%的饮用水供水公司已经运行了诸如氯和浊度之类的水质在线分析仪。然而，并不是所有这些供水公司在饮用水配水系统中安装了监测仪。75%这个数字，包括那种只在饮用水处理工厂里面安装了监测仪的供水公司。供水公司常常使用ADA，该系统连接监测设备、远程遥测单位、可编程逻辑控制器和主机，便于把数据收集和程序整合到可接入多个监测点的系统控制中心。大的供水公司通常在饮用水配水系统中也使用SCADA系统。这种SCADA 系统在整合在线和远程传感器数

据中的成本–效果合算，且由系统触发数据收集。边远地方可以使用基于微处理器的"聪明"SCADA系统。尽管与可编程逻辑控制器为基础的系统相比，"聪明"SCADA要慢些和贵些，但是它节约了通信中间成本、维护和出差成本。最简单的SCADA系统仅仅包括3~4个监测输入、输出通道。SCADA系统已经在日常水质监测中运行，需要预警系统检测器的其他地方不需要对它们重新设置（见4.3节对传感器放置部分的讨论）。系统通常使用的关于数据传输、确认和分析的不同方法如下：

- **数据传输**

数据传输到中心数据库通过硬线和无线系统。硬线传输需要有物理的线缆连接，可以使用同轴电缆或者光纤技术。在一些案例中硬线连接到远程位置很困难。无线传输可以使用多种方法，包括微波、UHF或者VHF无线连接、固定电话调制解调器、移动电话调制解调器或者卫星。无线连接需要在发射端和接收端无视线障碍或者适应二次传输（中继器或放大器）。较便宜的传输系统通常是电话线或者直接线缆。在饮用水配水系统和控制中心使用的数据传输方法联用能整合信息。数据传输方法必须与监测设备、数据获取设备兼容。多数情况下，供水公司通过添加设备和SCADA系统来扩大监测能力，需要对已有的设备和SCADA系统进行升级确保新旧设备能够兼容。为了水质安全，现有的检测系统需要进行面对直接物理袭击和网络袭击时的脆弱性评估。非加密的数据传输存在安全风险，所以需要硬件和软件有加密能力。传统上，供水公司没有看到水质监测数据加密的必要性。然而，用于安全应用方面的检测需要数据加密来减少整个系统的脆弱性。

需要注意传输的数据质量。影响数据质量的因素有系统中设备的数量，在给定时间框架（比如，采样率：每秒、每分、每小时）中每个设备产生的数据量以及每个数据所需的比特数。一些检测设备会产生一个相对可管理数量的数据，另外一些设备（比如，视频）产生的数据需要更大传输带宽。

当前，数据传输能力、电脑数据储存能力、软件的支撑能力对于在线污染物监测系统是足够了。水工业一般不被认为有强大的市场推动力。因此，其他市场的相同系统的研发会推动水工业技术的研发。比如，SCADA系统是基于模拟信号的，就需要特别驱动器来接收来自监测器（比如，微粒计数器）的数字信号。在数字信号和模拟信号之间转接为容易获取的信号。

- **数据核实**

传感器数据的手工数据核实通常是不会产生大量原始数据的连续在线监测系统。因此，自动数据核实程序是不可缺少的，用来保证数据分析的精确结果。需要简单有效的协议用以对比监测点收到的数据和传感器储存的数据，来保证精确性和完整性。传统SCADA系统的数据核实程序是范围检查和数据过滤（比如，移动平均窗口）。其他新的数据核实方法是简单的外部检查，通过现成的商业数据挖掘软件在空间和时间数据特征（比如，pH、温度、DO、EC、TURB和余氯）中找到正式的相关性。数据核实是整个质量保证计划的一部分，是决定预警系统所有方面都按照希望的方式运行的系统过程。

- **数据分析**

数据一旦获取，就要进行质量评估和核实、汇总、传输和分析。数据分析由特别的软件执行，可以进行单变量和多变量分析、RBS或者是CBS的分析。单变量是一次分析一个目标参数，用于标记水质变化事件中特殊参数变化或者设备响应变化。这些独立监测设备的响应在决定监测设备对不同污染物的敏感性上有用；当考虑潜在误报警时，也可以用于确认其他设备有效性。多变量分析是使用所有设备的数据来检测数据异常。多变量分析的好处就是使检测污染事件具有更快的潜在能力，并能获取触发报警的污染物的更多信息。基于规则系统的分析由"如果—那么"规则描述，按照规则实时的循环推理，对新数据按照程序化的计划进行轮询。基于CBS的分析是通过对比当前的测量数据集和数据库中的历史测量数据集来运转。和历史数据相比的任何当前数据的偏离都会呈现给操作者，操

作者就可以运用 "要是……怎样"模型来评估事态。产生于预警系统的，用以解释数据逻辑系统（比如，人工神经网络，模糊逻辑）的新产品可以成为一些预警系统设计的主要部分。随着通过一系列设备，收集的数据越来越多，解释这些数据的可靠系统是必要的。其中有一个示范项目由IHT Delft研究并发表文章《在水综合管理中人工神经网络和模糊逻辑的应用综述》。

一旦在线设备产生了数据流，供水公司就要管理它们并为响应决定做准备，因此其数据质量必须认真分析和对待。供水公司应该考虑设备的运行特征，才能决定在线测量数据有效性的程度。在线数据收集和处理应该被详细考虑，这样大量数据才能被有效地处理。

对于在线数据，特别是对于距离远的站点，具有一定的数据丢失率。在此种情况下，要采取一些数据核实方法，比如，空隙填充、范围检查（当数据超出范围，按照传感器的满工作量程检查），变化率检查（峰值和离群值通常是传感器被干扰的结果），变化检查（检查可重复的小变化）。交叉核实方法会研究在线测量值之间的联系。这对于多参数仪检测器是非常有价值的。高关联的参数测量值可以编程固化到相关模型里面，这可以增强对测量值的信心。

预警系统可以为快速分析、决策和行动产生实时数据。为实时报告和决策支持提供很多种辅助技术。辅助技术包括数据过滤，操作索引（通常由操作者使用的计算测量值，这些值可呈现日常运行的趋势），使用软件传感器短期预测，分类和状态描述来减少过量信息。预测模型也可以在数据核实中起辅助作用。

还需要评估数据长期和短期的储存和备份需求。对有些参数，描述基线特征需要整年的数据。数据储存需求有赖于供水公司希望如何使用这些数据。第5章讨论的监测仪器有两个潜在目的，一个是一般的用于供水公司日常运行中的水质监测，另一个是对潜在的安全威胁进行报警。虽然以识别当前安全威胁为目的的数据不需要其长期储存，但是需要第二次使用的数据就要长期储存。比如，历史数据可以向供水公司系统模型的合同方或者研究机构公开，用以回答未来的研究问题。系统用以储存至少几年数据的最小储存能力是必要的。

供水公司应该为数据储存和获取制定预算约束，还应考虑制定最大化使用这些数据的政策，同时要咨询法律顾问。

4.1.2 示范项目、测试和产品

EPA最近组织了一个评估和示范SCADA系统有效性的项目，主要针对饮用水配水系统中实时的水监测器。测试在辛辛那提的"水中心"执行。在"水中心"有两个DSS单位，其主要目的是在典型的美国或者海外的配水基础设施中，通过设计和建设DSS来评估和解释其对水质动态影响。EPA认为SCADA系统在处理饮用水配水系统在线仪器数据方面是非常重要的。一个中央SCADA分析多个参数传感器的数据非常困难且耗时长久。如果收集的数据来自分开的不同传感器，就需要下载数据，由电脑处理和分析。因此不能提供有效率的实时报警。

中央SCADA系统会给互相比较的分析仪器数据打上时间标记。EPA的报告也强调了多参数水质监测仪的采样次数。EPA建议在2~10min的次数，有赖于SCADA获取数据的能力（基于SCADA系统设置和带宽）、传感器的位置、水流量率。采样频率也有助于供水公司建立水质波动趋势从而减少误报警。当然在测试中当出现接地故障或者其他电流干扰的时候，一定数量通过SCADA传输的4~20mA信号就会出问题，因此报告建议购买有可选择RS232输出数字信号的监测仪。进一步的挑战是，需要对传感器进行经常性的维护和校准，操作者关于传感器和SCADA系统的经验和专业知识也是必不可少的。同时注意除了SCADA系统外还有其他技术可以整合数据。

远程监测作为预警系统已经在饮用水中应用。EPA几年前组织的示范项目检查了饮用水处理厂的远程监测。远程监测系统包括一套采样设备和相关的数据获取设备。SCADA设备编程用于监测、记录、控制水处理和饮用水配水系统

运转，主要地点在华盛顿特区、西弗吉利亚的Mcdowell县以及EPA在辛辛那提的T&E工厂的相似的饮用水配水系统（DSS-1）。在华盛顿特区，在线设备在饮用水配水系统中测量温度、浊度、pH、余氯。1998年，EPA和西弗吉利亚的Mcdowell县的公共卫生服务部门合作实施"聪慧SCADA"。"聪慧SCADA"设备15min观测一次压力、氯、浊度。该系统可编程，可匹配特定条件的触发报警。本项目显示对于小的偏远的供水公司远程监测，这是一个现实的选择。EPA在辛辛那提的在线设备研究将在5.2和5.3节详细讨论。

目前，市场上有几个商业产品可以帮助远程获取和管理传感器数据来提升水安全。比如，PDA安全解决公司在销售Hydra远程监测系统。该系统从饮用水配水系统的远程传感器里获取数据，有趋势分析并不断把实时水质数据和水质标准比较。内置了报警程序。系统还包括了指纹锁和数据加密。EPA和PDA有一个"合作研究与发展协议"（CRADA）来研发全国性的监督项目。按照联邦技术转让法案的规定，EPA可以从私有的领域来构造CRADA，以便于加速项目的技术研发。目前，EPA的NHSRC和NRMRL正在为CRADAS服务，用于研发和国家安全目的相匹配的特殊技术。

在2002年的盐湖城奥运会期间，Hach公司展示了位于饮用水配水系统的12个连续监测传感器平台远程传输数据的技术。数据通过移动电话传输或直接传输给SCADA系统。数据随着时间监测，并按先前的设定触发报警。

丹麦的哥本哈根出现了一种新技术，该技术能够整合供水公司配水网络系统现有的数据来源信息。在实验计划中，实时传感器数据传输给SCADA系统。储存在数据库中传感器信息可用于分析，系统按照基线测量值进行自动检查。数据通过标准模块被确认，并对潜在的可疑数据和不可靠数据打上标记。该项目于2001年开始，预计2005年完成。

另一个设备制造商的"单纯感觉系统"涵盖了从数据获取到报警和通知的全过程。系统有四个组成部分。PureSense iNode™是一个远程数据通信装置，使用移动电话或者WiFi服务来收集监测数据并给远程传感器发送命令。PureSense iWatch™是一个基于互联网的数据管理系统，能整合包括远程在线传感器数据在内的分离的数据集。PureSense iServe™可对实时数据的自动分析，PureSense AlertNet™提供自动报警。EPA和该设备制造商签订了测试系统的CRADA。

4.2　污染物流量预测系统

在计划开始阶段，饮用水配水系统的预警系统就应研发能预测饮用水配水系统中流量和污染物移动的能力。这种预测能力不仅对于预测潜在污染事件很重要，对于监测系统的有效性也很重要。

污染物流量预测用于预测污染物如何通过饮用水配水系统。预测系统建立在水力和水质模型技术之上，并和饮用水配水系统模型在水工业领域广泛使用。这种预测能力可以应用在事故性污染事件（背景流量或者交叉连接）或者故意污染事件中。

水力模型由伊利诺伊大学的Hardy Cross教授在20世纪30年代发明，通过迭代过程来预测流量，并引入饮用水配水系统。这个手工程序在整个水工业部门使用了将近40年。随着计算机技术的发展，基于Hardy Cross教授的方法的计算机模型和进化了的解决方法都被研发了，并在20世纪80年代广泛使用。这些模型在水工业领域无处不在，在多数供水系统设计、主要规划和消防水耗分析方面不可或缺。在20世纪80年代和90年代，水力分析的能力扩展到饮用水配水系统中水质模型、水质变化和污染源追踪方面。随着公众领域的EPANET模型和其他基于Windows的商业饮用水配水系统模型的发展，这些水力模型在20世纪90年代极大地进化了。表4-1提供了当前饮用水配水系统模型软件的介绍。

为了使得水力/水质模型可靠的预测污染物在饮用水配水系统中移动，需要一个校正的、长期生态模拟模型（EPS）。EPS模型代表了在水质要求和供水系统操作上面正常的时间变化。这种模型可以为相关计划所使用，可以用于脆弱性研究和紧急响应计划，也可以作为现实污染事件中的实时工具。其挑战在于把管道网络和模型框架结合起来。在这点上GIS帮了供水公司的忙。

表4-1　饮用水配水系统模型软件

网络模型软件	公司	网络地址
AQUIS	Seven Technologies	http://www.7t.dk/company/default.asp
EPANET	U. S. EPA	http://www.epa.gov/ORD/NRMRL/wswrd/epanet.html
InfoWater/H2ONET/H2OMAP	MWHSoft	http://www.mwhsoft.com
InfoWorks WS	Wallingford Software	http://www.wallingfordsoftware.com/
IMikeNet	DHI，Boss International	http://www.dhisoftware.com/mikenet/
Pipe2000	University of Kentucky	http://www.kypipe.com/
PipelineNet	SAIC，SWG	http://www.tswg.gov/tswg/ip/PipelineNetTB.htm
SynerGEE Water	Advantica	http://www.advantica.biz/
WaterCAD/WaterGEMS	Haestad Methods	http://www.haestad.com

一般饮用水配水系统模型，尤其是污染物流量预测系统发展非常迅速。该工作由政府机构、诸如ASCE和AWWARF等专业组织和私人公司赞助。预测模型在欧洲供水公司比在美国供水公司使用的更广泛。污染物预测模型的先进技术和当前一些活跃的研究领域如下：

GIS、CAD软件包和模型的整合研究已经并将继续成为研发的活跃领域。GIS和CAD在帮助建立饮用水配水系统模型中最初被使用。当前的研究进展是直接把配水系统全部整合到GIS或者是CAD平台便于模拟、显示和评估。管线网络（EPANET和ArcView GIS整合的产品），商业整合包（比如WaterGEMS和InfoWater）提供直接评估污染事件影响的能力。EPA正致力于扩展EPANET功能来说明多种因子的相互作用，以及更好发挥水文学家和生物学者的作用。

校正模型包括调整模型参数，使得模型能反映观测到的实地现象。最优化的校正水力模型技术是基于遗传算法和其他最近成为商业模型一部分的数学算法。在本领域不断的研究正在把这些工具的使用扩展到周期性模拟校准和校准水质参数活动中。在校正领域的另一个研究方向是在饮用水配水系统中使用追踪研究。把安全的示踪物质（如氯化钠）注入饮用水配水系统中，并用在线电导仪监测。其结果数据集可以用来校正和确认水力模型。然而，当前美国尚未建立起校准标准、动态或者静态的校准方法。另外，AWWA的一个委员会已编写一套可能的校准指引（ECAC，1999）。但是这些指引还没有被官方接受，也还没有启动采纳这些指引的程序。作为促进因素和出发点来使用这些校准指引，将推动研发可接受的校准指引和相关模型校准标准。

现有的模型软件（正在使用和升级的模型基础工具）正在研发辅助评估在污染事件下的饮用水配水系统的脆弱性。Carlson等（2004）通过创造三个关于在饮用水配水系统中污染物移动的案例研究，展示了现有水力模型的应用。PipelineNet模型也通过一些例子在实际饮用水配水系统中的应用展示了其能力（Bahadure等，2003a）。它作为模型工具已经在污染饮用水配水系统的应急响应中使用。TEVA，是一个饮用水配水系统的概率模型，被EPA研发用于评估饮用水配水系统的脆弱性和传感器位置（Murray等，2004）。Van Bloemen Waanders等研发了一个非线性的程序方法来追踪和观察饮用水配水系统中的污染物事件。

最近的研究认识到饮用水配水系统模型同时具有不确定性和变化性。这种在完全确定框架下应用的模型（假定所有的参数都确定已知）不能提供决策所需的信息。Baxter 和 Lence（2003）介绍了在供水领域分析运行风险的一般框架。Kretzmann 和Van Zyl（2004）通过饮用水配水系统的随机分析融入了不确定性。Grayman等（2004b）使用蒙特卡洛模型来估计重构非故意污染事件中污染物暴露。前面提到的TEVA系统面对大范围的污染场景时吸收了概率框架。

消费–需求是影响饮用水配水系统中水和污染物移动的一个重要因子。通常，用水户的月（季）用水读数和大致的白天用水量可以使用模型来估计。这是详细污染物流量模型所承认的不足之处，关于水需求模型、水需求计量、客服信息系统（CIS）已经在持续研发过程中被关注了。Liand Buchberger（2004）研究和应用了使用泊松矩形脉冲方法的模型来模拟需求模式的精细时标。市场上计量系统会测量用户用水的精细时标并把信息传送给中央控制系统。CIS提供了一个管理消费数据的机制，其使用为饮用水配水系统模型提供了需求基础数据。

饮用水配水系统模型的实时使用是一个活跃的研发领域，主要是应用于改进水系统运转，促进能源节约和提升水质和作为对污染事件的响应工具（Jentgen等，2003）。通过对SCADA系统和模型的整合（指在连续实时的基础上，为水系统运转提供信息）完成了上述目标。饮用水配水系统软件商业公司和提供SCADA系统的商业公司是这种系统的基础开发者（Fontenot等，2003）。

储水罐和储水池被认为是水系统中的关键因子，它们在故意污染事件中非常脆弱。如果污染物进入储水罐或者在储水罐内被直接污染，污染物在储水罐中和空气混合以及随后的流出方式，将怎样影响以及何时影响客户在污染物下的暴露情况？许多数学模型技术被研发用来解决预测储存罐里的混合问题。包括了详细的计算流体动力学（CFD）模型和概念系统模型（Grayman等，2004c）。

水质模型最通常用于表现稳定的污染物，比如，余氯和三氯甲烷。当前的研究直接指向了提高模拟杀虫剂及杀虫剂副产物的能力，其扩展模型应用到细菌和非稳定性物质（可能出现在有目的性的袭击中）（Powell等，2004）。EPANET的升级版本可以在饮用水配水系统中同时模拟多个化学物的相互作用（Uber等，2004b）。比如，可同时模拟氯和能被残余氯影响浓度的其他污染物。

涉水事故指挥建模工具（ICWATER）扩展了先前先进的RIVERSPILL模型工具

的能力，可以帮助事件指挥者在生化污染物进入地表水源时快速分析和反应。ICWATER将支持"即插即用"现有的事件指挥者系统和其他紧急响应工具，比如，"生化响应助手""结果评估工具套装""自然灾害损失评估方法"以及EPA紧急响应分析器。

污染物模型中的水力部分主要基于Hardy Cross在75年前的方法和假设。需要水力方面更复杂的模型来预测水质污染物在饮用水配水系统中的行为。部分研究团体已经在重新检查一些基础的和水力有关表现和现象（如迷散，管道混合以及动态流量）假设（Li等，2005）。

4.3　传感器位置

历史上，把监测仪和传感器设置在饮用水配水系统是为了监管需要。其位置主要取决于易于安装和直觉评估。Lee等（1991）建议监测仪的位置要基于范围概念，其定义是被一套监测仪器采样数量占总需求的百分比。其他研究者在本议题上使用非传统的数学方法进行研究（Kessler，1998）。这些方法尽管被广泛引用，但很少应用在实践中。然而"9·11"事件使得作为在饮用水配水系统中监测故意污染事件机制的首要的传感器的放置变得更重要。

4.3.1　当前研究和发展

在特定目标功能基础议题上，许多当前研究应用优化技术来优化饮用水配水系统中监测仪的最优位置。Ostfeld和Salomons（2004）综述研究了本领域过去的工作，并展示了使用遗传算法的数学方程技术解决方案。他们的方法是找一个最优的由一套监测站组成的预警系统布局，目的是在较长时间不稳定条件下在水源、节点、储水罐中捕捉故意的外部干扰。优化要考虑高于安全浓度的污水暴露最大的值。Berry等使用一个整数型程序优化技术在供水管网管道和连接处设置了完美的有限数量的传感器，在假定袭击发生时，使得可能的公众损失最小化。Watson等（2004）使用混合证书线性程序模型，在一系列设计目标中解决传感器位置问题。其中两个案例研究，他们展示了在考虑一个设计目标（比如，人口暴露）时比再考虑另一个设计目标（检测时间）时是典型的高度次优。其意义在于关于传感器位置问题的强健的运算法则需要同时考虑多个完全不同的设计目标。Uber等使用"贪食试探"运算法则，为传感器位置问题描述了一个迭代数值解决方法。

总体来说，上面描述的最优化方法已经不仅仅是应用在假设或者是在小的水系统中的实验性方法；而是在现实的监测技术，有明确定义的目标功能，饮用水系统运行易变性等为基础的假设。

在本项技术常规使用之前，人员需要进一步研究、发展和实践。在饮用水配水系统安装监测器的正式方法的研发和能有效布置在饮用水配水系统监测仪器的研发相平行发展。大多数引用的研究和监测故意污染事件的仪器有关，未来与传感器位置有关的研究将尝试满足饮用水质监测规则。举例来说，EPA将要颁布的步骤2《消毒剂和消毒剂副产物规则》中的初始分布系统评估（以下简称IDSE）组成部分要求在饮用水配水系统中需要增加额外的常规监测。同样地现有的总大肠菌规则（以下简称 TCR）的重新评估也将关注于采样需求。AwwaRF发起的研究已经接近完成报告——《评估和改进在饮用水配水系统中采样的方法》，在概率论框架下，将部分关注传感器位置（见附录D，项目号3017）。

Sandia国家实验室（以下简称 SNL）正组织一个项目来研究运算法则，用以确认和量化水系统的威胁，从而确定最优的传感器位置。该项目的另一个目标是实时识别污染来源位置。研究团队认为识别任何节点的人口密度及其一天的变化是个挑战。在和EPA的跨部门的协议下，SNL正在研发一套以数学为基础的工具，来设计预警系统。供水大网络服务人口的可测量性，输入参数的总的不确定性则属于另外一个议题（DSRC 会议）。EPA的TEVA项目正研发软件和工具来检查系统的脆弱性，并帮公共事业部门设计响应策略。在保护最大数量人口的基础上，TEVA已经研发了模型来指示传感器位置。TEVA项目正在比较他自己的模型

和有着不同传感器设置目标的模型（比如，最快的报警或者可能漏掉的最小化袭
击个数）。TEVA模型使用的统计方法，通过模拟上千的事件（不同污染物注射
位置），并针对整套模拟情况计算平均影响。相关分析可能在2005年完成。

《环境传感器网络的建立和运行——关于饮用水质量和安全的决策帮助》
的国家科学基金项目目的是研发饮用水质量模型应对潜在的生化袭击。它也会改
进传感器收集网络的空间和时间解决方案。

在线传感器典型安装时使用特别的采样塞子，这需要通过管子扰动水流。
新的安装技术已被研发出来，在不需要扰动水流或开凿的情况下安装。传感器需
要通过不同位置下的严酷环境下的测试（AwwaRF，2002）。

4.3.2　最先进的系统

在排列这些复杂模型的基础上，Bahadur等（2003b）对如何使用PiplineNet
进行了创新，即用GIS数据和水力学模型优化监测仪的安装位置，从而满足一般
原则和标准。在一个有员工参与的供水公司进行的研究中，使用GIS和PiplineNet
框架，25个可能监测点位被识别优化后削减到2个最佳监测点。这种方法与当前
在研优化技术相比，和传统的监测器测点选择方法联系更紧密。

由于预算和技术上的限制，许多供水公司将面临一个共同的情况——供水
公司希望在现有的饮用水配水系统中最合适的位置安装传感器，使得初始化投资
适中。在没有采取前面描述的复杂实验性优化技术时，通常是采用两阶段程序。
在第一阶段，传感器的位置由所用传感器的技术限制决定。大多数传感器需要外
部电源，免受水火影响的安全位置，可接入通信，并易于维护。这些限制通常使
得便于安装传感器的位置很有限。在第二阶段，如果一个传感器要被安装在某个
位置，需要提供在"信息内容"条款下的评估信息。这种典型的在大量管道系统
中专门为放置传感器的方式服务了很多客户。这个程序可以用于了解和理解饮用
水配水系统的操作者非正式的操作，或者正式地使用水力模型来识别大流量管

道。本程序来源于对Michigan大学Deininger 教授研发方法的仿真，该方法基于采样总需求百分比的范围概念。

4.4　报警管理系统

报警管理系统包括两个主要领域：（1）建立触发报警的参数集；（2）减少误报警。在数据分析阶段，新的数据会和基线数据比较。基线应包括所有的季节性水质波动造成的所有潜在性变化，并涵盖典型的操作性变化（Carlson 等，2004）。基线要包括至少一年的数据，才足以捕捉变化。基线必须区分单个数据和多数据流［比如，一个物理（化学）参数和多参数］，基线数据的需求量根据所使用的技术和数据的统计学变动而有变化（AWWA工作组，2004）。在新数据和基线相比的任何反常将触发报警给操作者。比如，Hach公司已研发了触发算法来报警，即当水的状况背离期望的基线参数值时触发。因为供水公司在水质变化方面有丰富的经验，也就总有关于预警假阳性的担忧。

报警管理系统通常有赖于严格的数据确认程序或者特别的软件来减少误报警。比如，PureSense环境公司 （Moffet Field，CA），在标准水质传感器中研发了软件产品来减少假阳性和负读数。EPA 和PureSense环境公司签订了CRADA合同来测试系统，来判别该软件是否能减少配水网络预警系统的错误信号。PureSense系统当前在美国军队和公共水系统中使用。

4.5　配水模型和数据获取系统的整合

下面的系统通过整合配水模型和先进的数据获取技术来实现持续预警的目标。

MIKE NET-SCADA努力联合了EPA的模型软件和SCADA系统，最优化系统表现来识别和响应报警情况。系统在线运行实时测量值和计算值的对比程序，自动的数据前处理给离线模型备用，以及计算系统任意点的压力（流量）。模型结果储存在SCADA数据库中，在线阅读器用于显示模型的细节（Fontenot等，

2003）。此外，在线模块的特征数据自动确认程序按照标准方法自动检查和确认
测量数据。这些模块会给有疑问的数据贴上标签。可能的话，还可以在时间序列
上填补空隙。这确保了只有被确认的数据才会被传输和作为模型的边界条件使
用，从而减少潜在误报警（Fontenot，2003）。

MIKE NET-SCADA的离线模块可模拟"IF-THEN"事态，模拟系统崩溃，预
测系统状态使用需求以及控制预测条件。它使用微软Access储存和维持模型可选方
案。连接MIKE NET-SCADA在线和离线结果可使操作者快速发现反常情况，并帮
助分析可补救的反常和最小化该反常情况造成影响的方法（Fontenot，2003）。

克拉里恩传感系统公司的Sentinal™产品是一个远程计算平台，处理监测点的逻
辑数据，与各种有线无线的数据传输形式兼容。该系统可以通过互联网、当地网络
或者本地终端整合传感器数据并显示在一个显示器上。可以用网页格式展示分析过
程或者历史数据。每个监测点都有自己的网络协议地址，并有自己的网页，可允许
特别的点位监测和远程设置该站点的水质情况介绍。Sentinal™系统可以整合进诸
如SCADA之类的现有系统，它的软件能和螺旋式发展成果相兼容。新传感器技术
也能够和MartinHarmless，Clarion Sensing Systems，个人通信系统等兼容。

AQUIS是一个饮用水网络管理系统，设计用于在线、离线和实时监测。该软
件由"Seven Technologies"公司研发，用于创造模型有效管理水资源。该模型可
使供水公司最小化操作中断的影响，以维持服务的持续性和质量。软件也可以扩
展应用到对紧急情况的响应策略，包括污染物简介、消防和其他大量基于系统的
扩展需求。目前，世界上有1 500个城市在使用AQUIS系统。AQUIS提供了突变管
理软件包，有五个设计的模块来构建污染物的进入点、限制污染物扩散的方法、
减轻有害影响的方法。这些模块包括GIS数据管理模型，模拟饮用水配水系统的
水力模块。水质模块追踪系统中水的化学作用。诊断模块识别污染物的来源。最
后，冲刷模块使得清洗饮用水配水系统更容易。

4.6　数据安全

供水公司提供日常的水质特征日报、周报和月报。监测数据常由SCADA信息系统收集和分析。关注点在大多数数据不安全，或者被SCADA加密的数据很容易被破坏。因此，安全是保证系统完整性和所有预警系统面临的主要问题。与预警系统设计相关有很多数量的安全考量。硬线系统比无线系统数据传输更安全，因为通过线缆物理连接来截取数据要难些。硬线连接在危机情况下更坚固，因为它不需要无线网络。无线传输系统依赖外部的网络，这较难保证安全。同样，基于互联网的软件应用（比如，Sentinal™系统）对于病毒和黑客来说是易受攻击的。理论上，SCADA系统应该和其他系统分离，以避免带宽竞争，从而预防潜在的系统崩溃（Carlson 等，2004）。

此外在安全设计上，供水公司应建立一套被所有员工所遵守的安全政策，并为预警系统研发安全模块。安全政策应该限制数据和文件对公众共享，特别是诸如单个传感器位置等敏感信息。按需知密需求、数据质量和目标的完整性构成这些安全政策的基础（Mays，2004）。

安全模块包括对3个领域的保护：

• 身份验证　接触传感器数据和数据库文件的使用者应使用基于密码的身份验证机制。

• 访问控制　细致的访问控制系统能详细说明基于电子验证的使用者凭证访问的许可。

• 安全数据传输　使用诸如SSL协议的加密通信保证传感器数据和文档从传感器到系统以及系统到使用者之间传输的机密性和完整性。

4.7　通信、响应和决策

EPA的响应协议工具箱给供水公司、响应机构提供评估、通信和面对威胁的响应指引。威胁管理基于事故指挥体系（ICS），水务应急经理（WUERM）作为最初的事件指挥者。EPA指引明确概述了威胁管理系统中的三种主要威胁层次："可能的""可信的"和"确认的"。每一层次都有评估、通知和响应建议。尽管多种来源信息（如外部的法律实施）能把威胁从一个层次提升到另一个，本研究的焦点在于水污染物信息如何由预警系统提供，以及随后的实验室分析如何提升了威胁的等级。

"可能的"威胁存在的第一迹象是水质和建立的基线数据相比有明显的异常。这些信息可以由多参数水质监测仪提供。数据还应和其他位置的监测结果相比较来确定是否是原水变化导致了异常的数据。这种可能的分类结果源于供水公司的觉察。响应包括确认站点和初步描述站点，用于快速测试水样和收集样品并送到实验室。其他响应包括调查异常的客户投诉和对外部信息源进行查证。

在站点特征被确认、其他威胁因素的证据等其他信息被收集就可确认一个"可信的"威胁。如果异常数据是实质上的和其他片段水质不同，或者如果异常水质指示一个特别的污染物，又或者如果异常水质是一特定范围的一组数据，就需要对本阶段决定进行评估。"可信的"威胁结果会报告给饮用水第一局，州和当地公众健康局，当地法律执行部门以及联邦调查局（以下简称 FBI）。在此阶段，要估计应对污染的措施影响区域和尽可能隔离的区域，同时要执行适当的公众健康保护措施，并采样送到实验室进一步分析。

"确认的"表示从一个"可信的"污染物威胁转换到一个确认的污染物威胁，这是建立在水已经确定被污染的基础上的。本阶段，可获得污染的信息就要报告给紧急响应部门和国家响应中心。WUERM不做事件命令方面的响应，但是在帮助其他部门时扮演重要角色。外部有助于决定"确认的"阶段的是WCIT工具，它是由EPA研发的。在这点上，当地应急管理中心（以下简称 EOC）要充分调动资源，来支持有效的、可协调的响应。所有这些参加的组织将在现有的事件命令框架下在州层面或者当地层面来协调应急管理。一个部门将被指定为一个领导部门，会对事故指挥负责。公众健康保护措施必要时需要修订，包括"烧开水饮用"提示，"不能饮用"提示，"不能使用提示"，这还包括考虑消费、医疗和其他用水的供水转换。

供水公司和公众健康官员应为重要公告的识别，部门间重要的联系制定特别的标准。这些标准将在发生与水相联系的公众健康事件时，提升通信效率和公众健康响应的适当性。EPA建议使用"水信息分享分析中心"（以下简称WaterISAC）以加速信息的交换。WaterISAC有处理信息的安全入口和现成的协议。WaterISAC将遵循事故报告来进行安全分析。对威胁的响应，要考虑以下三个因素：（1）威胁的确信度；（2）污染事故潜在结果；（3）应急响应行动对消费者的影响。

AwwaRF正和水环境研究基金会（以下简称 WERF）共同研究帮助供水公司面对诸如恐怖袭击之类的灾难情况下如何通信、响应和决策。其中一个研究方向是，研发公众部门和被选举的官员在水污染威胁中和公众书面和口头沟通的信息表述方式（见附录 D，项目3046）。当然也包括行动计划，旨在提高公众对潜在公众健康风险的觉悟以及合适的反映。另一个研究就是为饮用水配水系统的安全提供决策支持。该研究是和科罗拉多州立大学合作的进一步数据挖掘，将为供水公司就配水网络应对毒物袭击方面，检测和减少这些袭击的效能价格核算方面提供一个广阔而充实的知识基础（见附件D）。还包括监测数据的综合报告会对应急响应的技术支持。这些报告越来越多地采用电子格式。为了支持污染物信息传输，已经开始了以网络为基础的相应部门之间的信息传输（AwwaRF，2002）。在线监测仪之间的数据通信正在成为"知识基础"的环境管理的一部分（Rosen等，2003）。而且，服务3 300人口以上的供水公司已经制定了在《2002年公众健康安全和生物恐怖袭击准备和响应法案》框架下的应急响应计划。这些计划促进了响应和决策预案的制定。

5 预警系统候选技术——多参数水质监测技术

正如本报告指出的第一阶段方法，污染物的在线筛选通常是使用容易获得的在线传感器，测量简单典型的物理化学水质监测参数（例如，温度、压力、pH值、电导率、氯残留）。第二阶段是确认和识别污染物的分析。图3-2提供了较为完整两阶段方法的探讨。连续测量基本水质参数的技术已经商业化可用，并广泛用于公用事业一些时间。主要作用是对水处理过程控制和保证法规被遵从方面提供技术支持。这些技术可从各制造商快速获取并相对容易使用，还可通过远程访问设备实现连续测量。供应商开发了监控多个水质参数的传感器控制面板。这种传感器的最基本应用是检测水质的物理或化学变化（例如，状态变化）。这些变化可能表明污染物已被意外或故意添加到水中。使用多参数水质监测仪的目标是在线提供早期未知污染物侵入的预警信息。这已被一些领域引用作为第一个阶段预警系统（Hasan 等，2004）。

多参数常规物理化学传感器更先进的应用就是建立一个多参数变化的特征模式，并在推测确定识别污染物时实际使用。这样的特征模式通常被称为污染物识别标志。此种应用目前正处于几家生产商和政府的研究小组开发和测试阶段。常规多参数水质监测仪（比如，对状态变化的简单检测和建立污染物的识别标志）的应用将在本节描述。

5.1 几种多参数水质监测仪的描述

用于饮用水的典型多参数水质传感器有下面几种监测方法：

- 氯：比色法和膜电极法
- 温度：热敏电阻
- 溶解氧：膜电极法和光学传感器法
- ORP：电位法
- pH：玻璃电极法
- 浊度：散射光法或者光学传感器法
- 电导率：电导池法
- Cl，NO 和NH$^+$：离子选择电极法

除了基础的单个传感器测量单个参数的仪器外，一些供货商现在提供了包括几个常规水质传感器的预安装包。下面是几个多参数水质传感器平台的例子。除了STIP-Scan产品是为监测废水而设计（但也可以潜在调整到饮用水应用）以外，其余所有都充分考虑了可用的技术。但EPA没有核准和推荐以下的技术，以下概要信息是从仪器公司网站、宣传推广资料、仪器公司代表获取。

HACH（Loveland，Co）公司正在出售饮用水配水系统监测平台。该平台联合已有设备重组一个系统便于更复杂的监测，包括以下基本模块：

- Hach CL$_{17}$氯分析仪
- Hach 1720D 低量程浊度仪
- Hach/GLI pH 计
- Hach/GLI ORP 计
- Hach/GLI 电导仪
- GEMS 压力传感器

扩展模块包括Hach Astro UV TOC分析仪和美国 Sigma 900 MAX自动采样器。该采样器可以在任何参数的测值超过某个设定值的时候自动采集样品。HACH公司的饮用水配水系统监测平台设计用于在市政饮用水配水系统的旁路水中连续测量6~7个物理化学参数，测量结果可以直接传输给供水公司的SCADA系统。

此外，HACH公司正在销售多参数探针，可以直接安装在配水管道中。

HACH公司的饮用水配水系统监测仪PipeSonde能安装到任何水管中（直径至少8英寸），经过一个两英寸的阀门（球阀），设计可以经受得起最大300psi的水压。PipeSonde可以监测水压、温度、电导率、浊度、ORP、DO和氯。还可以为自动采样器或者TOC仪器准备采样口。和Hach的配水监测平台一样，PipeSonde也可以被设置为直接和供水公司的SCADA通信。Hach公司的监测触发系统可以提供对配水监测平台的数据、PipeSonde的数据和在线TOC分析仪的数据进行实时分析。当水质偏离基线时触发报警，当然也能描述和记录事件。触发信号和所有参数的测量值都能从主控操作屏看到。

Water Distribution
Monitoring Panel (Hach)　　　PipeSonde(Hach)　　　Event Monitor Trigger System
(Hach)

Dascore公司正销售叫作Six-Cense™的多阵列传感器。Six-Cense™和Hach公司的PipeSonde产品相似，设计是永久性插入一个有压的水路。然而和Hach公司产品不同的是，Six-Cense™的电化学传感器安装在一个1平方英寸镀有金的瓷片上。测量通过电化学方法完成，不需要通过试剂来完成。该系统能连续监测6个参数，主要有氯（氯胺）、DO、pH、ORP、电导率和温度。系统能远程操作，并能把数据传输给供水公司的SCADA系统。

Emerson过程管理Rosemont 分析（Columbus，OH）公司正销售一套被淡水和配水网络使用的连续监测系统。WQS多参数电化学-光学水质系统模型（1055Solu Comp Ⅱ）可不使用试剂的连续监测一个低流量（3 gal/h）[*]的水侧

---

* 　gal（美制加仑）——1gal=3.785 41L。

流。可通过电化学方法分析6个参数（pH，电导率，ORP，DO，游离氯，氯胺）。有两个参数（浊度和颗粒物指数）通过光学法测定。颗粒物监测仪对颗粒物计数是通过激光光学技术，把颗粒物浓度作为颗粒物指数报告。

Model 1055 Solu Comp Analyzer
(Emerson Process)

YSI环境公司生产了监测饮用水的标准设备，能检测ORP，DO，pH，电导率和温度。YSI系统还能测量浊度、氯、氨氮和硝酸盐氮。YSI的技术主要在地表水中应用。

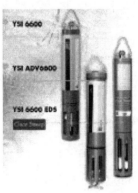

(YSI Environmental)

Analytical Technology公司的C15系列水质监测系统，可以给使用者提供参数选择，并把这些选择整合到一个监测设备里，适合连续监测、报警和数据收集。

当前的可选参数有游离氯、联合氯（氯胺处置系统）、DO、pH、ORP、电导率和温度。此外浊度模块也可以加入系统。

Clarion Sensing Systems公司的产品Sentinal™把传感器数据整合到一个显示器显示，并可以远程查看。Clarion Sensing Systems公司销售包括传感器的整个系统，还可整合来自不同设备制造商的供水公司现有的传感器。该系统是模块化设计的，供水公司可监测不同的参数，包括氯、pH、温度、流量、压力、电导率、浊度、ORP、DO、辐射、TOC、VOCs和某一化学武器物质。Sentinal™软件向上兼容，因此新的传感技术能整合到系统中。系统可以不用交流电，可以用太阳能电源并能实现断电自动重启。数据通过LAN或者是卫星传输。

Sentinal™(Clarion Sensing Systems)

STIP Isco GmbH公司的STIP-scan的产品能分析多个废水参数。虽然是针对废水设计，但是设备能调整为饮用配水系统使用。产品设计用于在市政和工业废水处理厂的入口、曝气池、废水处理后出口使用，STIP-scan的紫外/可见分光光度传感器能同时测量硝酸盐、COD、TOC、光谱吸收系数（SAC254）、总悬浮物、污泥量、污泥量指数和浊度。也可以在河流监测中使用。此外STIP-scan还能测量在190~720nm其他化合物的吸光度。不需要样品过滤或者前处理，每一个测量周期都有清洗测量室的动作。控制器有模拟输出、双向串口传输数据。彩色显示屏能连续显示硝酸盐、COD、TOC、SAC254日数据图。最短每两分钟测一个值，并能储存14天。

5.2   确定多参数水质监测仪性能和建立水质基线的工作

研发基于多参数水质监测仪的早期预警系统需要各种验证步骤。这些措施包括努力确定多参数水质监测仪的性能，建立可操作的水质基线，以便发现异常。一些测试已经在EPA执行。一些工作在CRADA项目里面进行。联邦技术转让法案规定，EPA可以和私营企业一道建立CRADA项目，以高速研发各种项目里的技术。EPA建立CRADA项目的目标是继续研究污染物的检测、识别、反应和缓解、预防和保护。私人产业和地方政府都可以利用CRADA项目访问联邦实验室设备，人员和服务。

在过去的研究中，EPA已经在辛辛那提使用大量电子设备，该中心被称为"水中心"。在这个水中心，有多个DSS系统，该系统被NRMRL设计用以评估和影响美国境内和境外的饮用水配水系统中水质的动态影响，制作影响水质的典型案例。EPA研究调查后选择了一个实时在线传感器平台阵列，代表了各种类型技术并当前应用于各种水质监测活动的仪表。实验的目的是可评估选定各种DSS系统中在线监测传感器的能力，可检测由于化学、物理和微生物污染物导致的水质变化，可绘制供水系统的公共风险图。EPA水中心使用的传感器可以分为传统传感器和连续监测仪器。EPA正在进行研究，以评估灵敏度、响应、检测限、重现性、假阳（阴）性的可能性以及其他的限制条件。主要结论见第9章。

5.2.1   传感器性能评估

早期预警系统的第一阶段的重要组成部分，是饮用水配水系统的运行数据可以由传感器记录。在"水中心"，EPA已进行测试，以了解哪些传感器可以确定水质基线数据以及哪个传感器发生了漂移。一个基本的结论是，电导率，TOC

和游离氯监测仪器在正确校准和维护的情况下漂移非常小。因此，这些传感器监测数据可作为指示水质正常或安全的理想标记。

5.2.2　水质基线调查

美国新泽西州的地质勘探局、环保局和当地的供水单位三方协议规划研究，实施和测试在实际饮用水配水系统的预警系统。研究将测试传感器性能、优化传感器位置，并制订基于供水系统的水质基线监测方案。主要研究在线水质数据项目以解决水质参数正常波动问题和研发用以区别污染事件和正常波动方法。

5.2.3　核实传感器性能

另外一系列的试验，目前正由EPA水DSS设施来确认多参数水质监测仪对饮用水配水系统的日常运行监测能力。该测试由EPA的主持下的ETV项目完成，具体工作由巴特尔实验室执行，该实验室通过与EPA合作协议来管理ETV AMS中心。在整个测试中，供应商代表安装、维护、操作各自的仪器设备。EPA的CRADA将测试Ysi公司在线监测技术在饮用水配水系统中如何适用；该项目与下面描述的研究项目不同，且只证明他们能完成基本的水质监测，没有测试对注入污染物反应。

5.3　使用多参数水质监测仪识别特征污染物并预警

有越来越多的监测活动使用多参数水质监测仪来提供早期预警和使用水质特征来识别污染物。从历史上看，公用事业部门投资多参数水质监测仪，以提高饮用水处理厂和饮用水配水系统的日常运营管理能力。如果这些监测器还能监测一部分故意污染事件，那么监测仪器就具有双重功能。如果同样的设备可以用于日常操作监测和监测故意污染对系统扰动，那么公共事业公司就会加强它们的应用。在第9章中提供了进一步的评价细节。

5.3.1 传感器对污染物的响应

在"水中心"EPA调查了各种传感器是否能识别污染物，结论是某些传感器只能提供污染物的一般分类信息（如无机、有机或有产氯的需求的活性物质）（EPA，2004）。

5.3.2 多参数仪对模拟生物化学试剂的响应

另一项研究在EPA的"水中心"展开，调查组合的传感器对注入的废水地下水、化学混合物和个别化学品的响应。该传感器系统显示，可快速检测这些污染物引起的水质变化。系统经过优化后，该传感器系统可用于预警。然而，由于测试污染物的范围很小，对其他类型的污染，应做进一步试验来检验这一结论。

5.3.3 识别标志的发展

常规理化传感器在安全监测中的先进应用，是通过多个参数的变化特征模型来初步鉴定和解读特定污染物。通常情况下，这样的解释是通过一个计算机化的数据系统帮助下完成的。正如以前一样，通过观察物理化学变化来推断不明污染物的出现，首先必须建立可靠的参数基线，才能对样本结果进行成功的解释。此外，当试图通过观察参数值模式特征的变化，来实际上识别污染物，就必须把多个参数的预期变化的特点提前记录下来，用于表征特征的数据需要得到经验验证。几个生产商正在探索获取这种特征数据的方法用于对水污染物监测。HACH公司已经测试了这种特征用来标识污染物或分类；但是他们的方法和算法是不公开的，因此独立验证是困难的。同时，用于检测和识别污染物水质参数技术的检测仍在EPA、美国地质调查局、军队、和其他组织进行，至今尚未实施针对这些水质参数领域完整规模的EWS试验。

5.3.4 识别标志概念的进一步测试

为了快速实现多参数水质监测仪器作为预警系统的一部分应用在饮用水配

水系统中，EPA已经与HACH公司签订了CRADA项目合同。目前生产的用于实时饮用水配水系统监控器由几种不同类型的传感器组成。CRADA项目将决定这种技术是否适用于实施监测供水系统的污染物，如农药、除草剂、工业化学品和废水。

5.3.5　多参数仪器对现实生化试剂的响应

Edgewood化学生物中心（ECBC） 正和EPA合作，计划使用真实的CBR试剂来测试多参数水质监测仪。

6 化学污染物的预警检测科技

6.1 检测、传感技术总体介绍

本章介绍化学污染物的检测技术。有几样技术还能检测微生物致病体。对于预警系统，第二阶段确认技术很多能通过便携式现场监测工具和手持式的传感器实现。测量生物有机体的在线设备和化验套装的生物监测器也包括在内，虽然它们不能识别特殊的污染物。在线气相色谱质谱仪（GC–MS）也包括在内，虽然对于连续操作来说太昂贵，但是当第一阶段触发报警之后，来确认污染物是非常有价值的。通常可以携带化验套装，但需要使用化验台、移液器、混合器和反应器。还需要一个读取化验结果的监测装置。传感器和检测装置能建立在多种技术平台之上，也能够放入手提箱、背包，所有这些都在本章和第7章描述。

EPA没有审核或者是推荐以下技术。以下信息主要是通过公司网站、宣传推广资料、公司代表和其他政府来源获得。

6.2 可用技术

6.2.1 砷的测定

有两种基本类型的技术已商业化。可以测水中的砷的浓度，这些技术已经由EPA的ETV（见第9章确认结果）项目进行了第三方确认。两种类型的技术都使用了便携式技术用于现场快速分析水中的砷。第一个类型的技术是使用颜色反应套装，即水样和一系列试剂混合反应后产生颜色变化，检测器检测到颜色并把颜色和标准梯度颜色对比，颜色梯度和水中砷的浓度有相关性。

Industrial Test Systems公司提供了five Quick™测试反应套装，通过选择不同的套装，来确定砷的不同浓度水平。因为这些产品去除了指示剂，用可见的形式读取结果，可以用手持（可携带的）扫描设备读取到便携式电脑中。所有的five Quick™测试都容易使用和运输。测量一个样大约需要15min。Peters Engineering公司提供了AS75砷测量套装，其中一个显色反应套装是用于现场便携使用。试剂片放入水样中，通过色标或者通过AS75测试仪来测量过滤器中颜色变化。由Envitop公司生产的显色反应测试套装叫As-Top水样测试。该套装可以很方便地在现场使用，需要35min。

另一种测量砷浓度的方法是阳极溶出伏安法（ASV），该方法常被用来测量金属。测试是在电化学池里面进行的。在工作电极上施加一个逐渐变弱的电势。当电势超过了溶液中被分析金属（这里是砷）的电离电势时，就会减少镀在工作电极表面金属的量。被分析物在外加电势下释放电子。该过程中释放的电子形成电流，可以被测量和描绘成伏安图。电流在氧化电势时会监测到一个峰，该峰能确定是某个金属，峰的高度或者面积可以测量并和一个标准溶液的峰相比较（EPA-ETV，2004），从而得出监测结果。

Monitoring Technologies International Pty公司提供型号为PDV 6000型的便携式分析仪，使用ASV方法测量水中的砷。该仪器可以测量通过手持的控制器读出样品的浓度结果，也可以用VAS版本2.1的软件读出结果。PDV 6000便携式分析仪易于运输。设备设置和校准要花30min，每个样的分析需要5min。另一个使用ASV技术的是TraceDetect公司的产品Nano-Band™ Explorer。该仪器有三个电极池，其中包括辅助电极和参考电极。样品需要大约1h的前处理，几秒钟就可以得到结果并使用软件实时显示在便携式电脑上。Nano-Band™Explorer是最优化的痕量金属分析仪，对一些金属可以监测到0.1ppb。Nano-Band™ Explorer测量系统包括软件但不包括便携式电脑。

6.2.2　氰化物的测定

有两种基本类型技术已商业化可以测量水中的氰化物浓度，这些技术已由EPA的ETV（见第9章确认结果）项目进行了第三方确认。两种类型的技术都使用了便携式技术用于在现场快速分析水中的氰化物。第一个是便携式色度计，即水样和试剂混合反应产生颜色变化，颜色和氰化物的浓度成正比。由光度计测量颜色并计算出水样中氰化物的浓度（EPA-ETV，2004）。

VVRV-1000多分析物光度计、V-3803氰化物模块和自动填充的Vacu-vial安瓿瓶试剂联合使用可以测试氰化物的浓度，以上产品都是由CHEMetrics公司生产。CHEMetrics公司的VVRV-1000用四节AA电池，很易于操作和携带。LaMotte公司生产的1919 SMART 2比色计和3660-SC试剂系统也已被ETV测试。LaMotte公司生产的SMART 2电源是120V/60Hz易操作和携带。测试一个样大约需要22min。Orbeco-Hellige生产的Mini-Analyst Model 942-032只需要4节AA电池。分析一个样品需要18min。Thermo Orion（Beverly，MA）公司生产的AQUAfast®IV AQ4000比色计可自动识别被测量的种类，选择方法、波长和反应时间，只需要4节AA电池。在使用AQ4006氰化物试剂时能测量氰化物的浓度。AQ4000也易于运输和操作。测量一个样品需要17min。

第二类测量水中氰化物浓度的基础技术是使用固体传感器，该传感器是在环氧树脂电极的顶端镀一层无机银化合物。当固体传感器和氰化物溶液接触，银离子就从膜的表面溶解。传感器中银离子移动到表面来替代已溶解的离子，其产生的电势差和溶液中氰化物的浓度相关。在用已知氰化物浓度校准的情况下，不同电势可以转换为不同的浓度以MG/L显示在显示器上（EPA-ETV，2004）。

使用这种技术的一种产品是Thermo Orion Model 9606 Cyanide Electrode，型号是290A+ISE，使用9V的电池操作。Thermo Orion ISE易于运输，使用手册清楚明了。每个样需要1~2min的预处理，校准需要15~20min，测量样品需要5min。带有参考电极（R503D）的氰化物电极（CN 501）、离子测量包340I（WTW ISE）的WTW公司的产品需要4节AA电池运行，易于运输和设定（EPA-ETV，2004）。

6.2.3　气相色谱分析

气相色谱能分析很大范围的有机化合物，比如，化工原料、燃料石油化合物。单个化合物被载气（氮气、氩气、氦气、氢气）通过一个填满固相的柱子就被分开了。色谱柱头进入炉子，在色谱柱头，化合物气化为气体。样品中的化合物在柱里面因为和固相和气相之间相互作用不同而互相分离。结果就是，单个的化合物以不同的速度通过色谱柱。不同的化合物完全通过色谱柱后到达检测器的时间不同。复杂样品的化合物可以被分离，和标准样品比较就可以确定浓度。为了得到更小的设备，照相平板印刷法技术被用于注射和检测系统的硅芯片上（见6.3.5微芯片的概要描述）。单独的气相色谱只能提供实验性的鉴定。需要传统和微型制造的气象色谱柱和TCD、SAW、ECD、FID等质谱检测器联合使用才能最终确定污染物。VOCs使用吹扫捕集技术从水样中萃取和富集被检测物。先使用氦气把挥发性化合物从水样中吹扫出来，然后被吸附在有机树脂捕集器中。随后通过闪热把化合物从捕集器中解吸出来并进入色谱柱。吹扫捕集气象色谱已经在监测原位水质（Ohio河和Rhine河的工业排放）使用了多年。有些情况下，一天分析测量一个或者多个水样；在另外一些情况下，24h内以一定的时间间隔自动采样分析。设备需要熟练的操作人员和经常的维护保养。

商业可用的自动色谱仪可在线监测分析VOCs的产品是INFICON公司生产的CMS500。它可以无人值守自动运行，可提供实时测量值。该系统测量的浓度范围从ppm到ppt，可以根据需要编写程序设定采样频率和报告结果。CMS500使用的是经修订的EPA吹扫捕集方法（原位探针）。因为没有泵、阀和暴露给水混合物的小室，就不需要对样品进行前处理或者是过滤，可以分析很复杂的水样。目前，美国中等城市的饮用水配水系统正使用自动的气相色谱（INFICON

CMS500）来监测三氯甲烷和其他化学物质。

便携版本的气相色谱设备也有。INFICON公司的CMS200是上文描述的在线设备的便携版本。INFICON公司的HAPSITE GC/MS在15个不同国家应用军事和国土安全方面的监测。它可以用背包便携，可以单兵操作，几分钟内就可以出结果。Constellation Technology Corporation 公司的CT-1128也是一个便携的GC-MS，重量只有70，可设置在卡车后面。

HAPSITE® SituProbe Purge and
Trap GC/Ms System(Inficon)

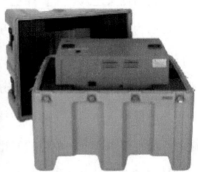

CT-1128 Portable GC/MS
(Constellation Technology Corporation)

6.2.4　基于酶的检测

6.2.4.1　胆碱脂酶的抑制

Severn Trent现场酶测试技术是为现场定量检测神经毒剂研发的，该测试基于对胆碱酯酶的抑制性。饱和的胆碱酯酶膜盘浸入水样1min，如果水样中没有杀虫剂和神经毒剂，膜盘上的胆碱酯酶水解使得水样成蓝色。如果有足够浓度的杀虫剂和神经毒剂，膜盘上的胆碱酯酶就被抑制了，不会水解，也就不会变色（仍然为白色）。制造商声称的检测限：杀虫剂（氨基甲酸盐0.1~5mg/L）硫代磷酸盐0.5~5mg/L;有机磷酸酯1~5mg/L，目前没有神经毒剂检测限方面的数据。

6.2.4.2　辣根过氧化物酶的抑制——以化学发光量的减少为指示

化学发光检测技术基础是，在辣根过氧化物酶存在的情况下，鲁米诺（又名发光氨）和氧化剂反应可以指示样品里的毒素。辣根过氧化物酶的中间反应产生光，而光可以被照度计测量。酚类、胺、重金属或者其他化合物和酶反应能产生光并指示污染物，从而可以指示多种化学和生物试剂。便携的Eclox™既可以在实验室使用，也可以在现场使用。Severn Trent Services公司生产的Eclox™是一个宽带的化学发光测试，能够定量评价水样中的某些污染物。

　　Randox Laboratories公司生产的Aquanox™是一个手持的水质监测设备，技术是基于增强的化学发光技术。Aquanox™可在现场分析水和废水，可用于包括化学废水处理工厂在内的工业应用。

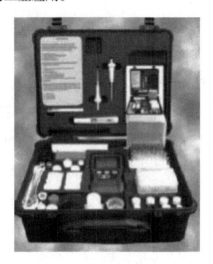

Eclox™Water Test Kit
(Severn Trent Services)

6.2.5　生物传感器

　　生物传感器可以使用完全的有机体或者细胞对外界刺激的响应来确认水中的有毒物质。生物传感器测量有机体在毒性压力下产生的生理变化或者行为变化。这种类型的生物传感器不能识别特定的有毒物质，但是能指示水中异乎寻常的变化。总体的基本原理是生物体能对所有导致压力的敏感因子响应。严重影响和快速起作用的毒素是最快检测到的。但是，如果没有严重的影响，慢性起作用的毒素或者慢性影响的毒素不会被迅速的检测到。很重要的一点是，目前的生物传感器不能有效地检测人类的病原体，因为病原体常常是种类或者组织很特殊，在疾病征兆被察觉到以前需要几天或者几个星期的孵化时间。

生物传感器使用细菌（原核细胞）和真核细胞，还有诸如水蚤、蚌类、水藻和鱼之类的生物体。转基因的生物体和细胞包含了特别的响应因素和报告构架，比如，可以设计针对特别污染物产生的生物发光。因为活着的有机体对氯和其他在水处理过程中使用的化学物质有响应，因此当前许多的生物传感器被限制在原水的应用当中。如果这些化学物质能从样品中充分地被移除，这些生物传感器就可以在饮用水配水系统中的关键点使用。便携的传感器可以用于监测手工采取的样品。

6.2.5.1　基于细菌的生物传感器

使用细菌作为响应生物的传感器展示了细菌在预警上的应用前景，因为细菌能对生化有毒物进行快速反应。细菌暴露给有毒物的结果是其新陈代谢中断。一些检测技术是检测生物发光量的减少。某些细菌本身或者被改变基因结构后可以发光，当它们是健康的时候就发光。这种细菌发光和其呼吸作用联系紧密，因此改变细胞的新陈代谢或者破坏细胞的结构都会减少发光，而减少的光可以测量。设备一般会配备发光细菌的冻干粉或者可由客户激活的发光菌。通过对再造的或者驯化的发光菌暴露在水样时的发光量和暴露在质控水中的发光量相比较，发光量的减少表示水样中存在污染物。其他的检测器监测细菌的新陈代谢是基于颜色的变化或者细菌的需氧量。干扰这类细菌监测的物质包括氯、氯胺和铜。

当前有几个商业成熟的生物发光细菌检测系统已通过EPA的ETV项目的验证。包括Tox Screen Ⅱ（Check Light，公司），BioTox™（Hidex Oy公司），MicroTox@/DeltaTox@（Strategic Diagnostics公司），ToxTrak™（Hach公司）和POLYTOX™（InterLab Supply公司）。下面简要介绍这些技术。

ToxScreen-Ⅱ

ToxScreen-Ⅱ快速毒性测试系统由CheckLigh（Qiryat Tivon，以色列）公司研发。本技术是基于细菌的新陈代谢的发光来指示。该产品使用的发光细菌是发光杆菌属和特别的条件试剂来监测水样中的毒性。设计了两种缓冲溶液来测量浓度在mg/L以下的有机污染物和金属毒性。发光量的变化指示了水的毒性。该系统包括一系列的步骤，比如，样品前处理和90min的细菌培养期。便携的光度计给出最后的结果，该光度计和个人电脑联用获取、储存和评价数据。

ToxScreen-Ⅱ (CheckLight,Ltd.)

BioTox™

快速毒性测试系统由Hidex Oy（Turku，芬兰）公司研发，其技术是基于细菌新陈代谢产生的光来作为指示。测试使用的发光细菌是Vibriofischeri，当细菌暴露在有毒的化学品的时候会减少发光量。BioTox™Flash测试是提升了的Vibrio fischeri测试，可以对水及其沉积物样品进行快速测试。BioTox™ Flash测试过程和BioTox™测试是一样的，但是它会自动地对颜色和浊度的干扰进行补偿，可以在几分钟内测量大多数样品。系统使用的是冻干粉试剂和Hidex Oy Triathler™设备（便携的液体闪烁计数器、光度计、γ计数器和注射器）。报结果需要5~30min。产品很小，可以便携，但是只能在110VAC下使用。

DeltaTox

DeltaTox由Strategic Diagnostics公司研发，是便携版本的MicroTox，也是基于细菌新陈代谢发光。产品通过测量发光细菌Vibriofischeri的光输出来检测多个种类的毒性。有机体的新陈代谢因毒性的出现降低了光的输出，就指示了样品污染物。结果可以在5~15min内报出。DeltaTox是一个可自己校准的光度计。可以和光电倍增管和数据获取系统和软件联用。DeltaTox缺少MicroTox的温度控制室。MicroTox和DeltaTox都对氯敏感，这使得他们很难用于饮用水配水系统的监测。MicroTox的制造商正研发在线的商业系统来移除残留氯。

Microtox® Model500   Deltatox®
(Strategic Diagnostics Inc.)   (Strategic Diagnostics Inc.)

ToxTrak™

ToxTrak™快速毒性测试系统由Hach公司研发，它是基于刃天青染料化学反应的比色测试。本技术的基础是通过颜色变化来指示细菌的新陈代谢。过程是通过刃天青减少的量来测量呼吸作用，呼吸作用是细胞繁殖能力的决定性指标。刃天青是氧化还原活性染料，它减少时，颜色就从蓝色变成了粉色。对细菌有害的物质会抑制细菌的新陈代谢，从而抑制刃天青减少的速率。如果染料的颜色不变，就说明有毒性物质存在。比色计和分光光度计用来测量颜色的变化。Hach公司支持该产品作为饮用水公司预警系统广泛使用和成本效率高的监测方法。

ToxTrak™ (Hach)

POLYTOX™

POLYTOX™由InterLab Supply™公司研发，使用微生物的呼吸作用来指示水和废水中包括生化污染物在内的毒性物质。细菌混合物在水中被激活后，在POLYTOX™仪器中吸入氧气和释放二氧化碳的速率可以被监测和测量。呼吸速率可以指示样品中的毒性。

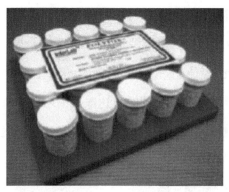

POLYTOX™(InterLab Supply,Ltd.)

microMAX-TOX

以上的技术都不是为饮用水配水系统使用而设计的。但是microMAX-TOX Screen系统正在适应饮用水配水系统的测试。Tox Screen由SYSTEM Srl（意大利）公司制造，其测量技术是由以色列的Check Light公司研发。它和MicroTox相似，却是连续在线模式。它有两个在线分析仪，分别是比色仪和离子选择仪。检测使用发光菌冻干粉。它能全自动激活报警和每30~60min出结果。每两个星期，设备需要更换一套液体缓冲液和新的含水的细菌悬浊液。产生测试干扰的氯的残留物被硫代硫酸钠不间断地去除。

6.2.5.2 以生物体为基础的生物传感器

MosselMonitor®

蚌对毒性物质的响应是改变行为，比如，闭上它们的壳以减少对毒性物质的暴露。因此，蚌壳开闭的频率可以被监测用以指示躲避毒性物质的行为。Delta

Consult公司（荷兰）有一款产品MosselMonitor®能用来监测用氯消毒的饮用水，前提是使用硫代硫酸钠预处理水，即移除氯。硫代硫酸钠不能移除饮用水中使用的所有消毒剂，因此使用氯胺的系统不能使用这种技术。对于饮用水中的应用，自动喂食设备可以用来连续提供营养物质。MosselMonitor®能够在线连续运行2~3个月直到必须更换蚌。数据展示软件可以在远程或者互联网上展示近期的实时图形展示。只需要8只蚌，因为对每只蚌的行为分析都要基于该蚌之前的行为，然后综合所有8只蚌的行为分析得出结果。

MosselMonitor®已经使用过5个不同种类的双壳蚌（3种淡水蚌，2种海水蚌）。MosselMonitor®已经在匈牙利的布达佩斯的水厂中来监测用氯处理过的饮用水。虽然公司建议蚌每3个月换一次，但是在布达佩斯的安装点蚌在更换之前用了10个月。

MosselMonitor®
(Delta Consult)

Bio-Sensor®

Biological Monitoring公司制造了Bio-Sensor®设备，可以监测8~12条鱼的生物电场，来评估鱼的异常行为，从而指示毒性物质的存在。同时使用在线连续的物理化学监测会提升结果的可靠性。在污染事件中，当毒性被检测到时，现场和远程都会触发报警，同时报告给使用者；水样也自动采集进行进一步的确认分析。如果Bio-Sensor®被安装在饮用水配水系统中，就需要安装去氯模块。自动饲养器把设备维护周期缩短到1个月，Bio-Sensor®当前被安装在新加坡、澳大利亚、南非的饮用水配水系统中。

Bio-Sensor®
(Biological Monitoring Inc.)

6.3　潜在的可调整的技术

一些研发用于其他应用领域的技术，比如，监测原水或者空气的技术也可以适合在饮用水配水系统中使用。

6.3.1　基于酶的检测

6.3.1.1　光合作用酶配合物

Lab_Bell公司研发的LuminoTox仪器用从植物上分离出的光合作用酶或者检测水藻光合作用的活度来检测毒性物质。从植物上分离的光合作用酶配合物在真空蒸发后储存是稳定的。LuminoTox使用光合作用酶配合物可以检测诸如除草剂、碳氢化合物、酚类、二价阳离子、多环芳烃和芳香烃等毒性分子。LuminoTox和光合作用的水藻联用可以检测除草剂、有机溶剂（汽油和烃）、氨氮和有机胺。Lab_Bell公司已经在城市和工业污水中进行了测试，10~15min可以测量毒性，可以通过延长保温培养期提升检测的灵敏度。手持的便携式光度计可以使得系统可在现场使用。2005年，公司推出了在线版本仪器，名字叫Robot LuminoTox，仪器可以自动清洗，可监测温度和pH，每30min记录一次毒性测值。数据储存在Excel文件中。Robot LuminoTox通过Windows系统来操作，可以通过SCADA系统来处理。

捷克共和国的微生物研究机构已经证实光合体系Ⅱ和屏幕打印电极相结合可以检测三嗪、苯基脲除草剂。该生物传感器可以重复使用，24h为半衰期，对于敌草隆、阿特拉津、西玛津最大的检测限度为10^{-9}M。但是，本系统还在研发阶段。

6.3.1.2　亚线粒体微粒

哈弗生物科技公司生产了一种毒性检测套装，名叫MitoScan，是使用从菜牛心脏碎片分离的内部线粒体膜泡。亚线粒体微粒（以下简称 SMPs，或者微泡）包含复杂的可对电子转移和氧化磷酸化反应起作用的酶响应，可使它们的活性排列方向发生倒转。亚线粒体微粒中的酶会产生氢离子梯度，使得二磷酸腺苷产生ATP，这个过程（氧化磷酸化反应）和电子转移相结合就会发生活性反转。本反应进程可以直接和氧化还原态成比列，可被分光光度法在340nm处测量。当特别的抑制因素或者毒性物质被加入亚线粒体微粒溶液中，该反应就变慢或者被抑制了。MitoScan仪器的配套试剂小瓶需要在-20℃存储，并能储存4周。更长期的存储需要在-80℃。测试套件包括所有必要的试剂和浓度为100μL或者500μL的SMPs小瓶。MitoScan生物测定可设置为使用单光路分光光度计的微盘读数或者手动试管形式读数。试管和便携的分光光度计能够使得在340nm的测试可在野外实现。化验需要试管、样品稀释管、移液管、移液器。MitoScan可以设置为小于30min的测试周期。目前该产品还没有经第三方验证。

6.3.2　基于有机体的生物传感器

有几种基于生物的监测器可用于监测地表水。因为饮用水氯残留对有机体有毒，所以目前没有在饮用水配水系统中使用。当然在氯及其副产物被移除掉之后，就可以适应到饮用水配水系统中使用，就像MosselMonitor®和Bio–Sensor®仪器一样。

6.3.2.1 基于水蚤的生物传感器

水蚤（水中的跳蚤）是小型的自由游动对毒性非常敏感的生物体。水蚤毒性测量仪包含一个装有水蚤的玻璃室，水样不断地流经该室。水蚤的游泳行为被闭路电视监测并由电脑分析。速度、高度、转动频率的变化都指示了潜在的污染物。有时候测量毒性的方法是给水蚤喂养荧光基因的食物，该食物被健康的水蚤新陈代谢后会发出荧光。另一些检测方法，需要大量的维护（比如周期性更换水蚤），同时要注意水蚤对温度的变化很敏感。本方法在欧洲和2002年盐湖城奥运会应用广泛。本方法主要用于监测原水，因为水蚤对饮用水中的氯很敏感。这使得本方法很难使用在饮用水配水系统中。

IQ Toxicity Test™采样的套件由Aqua Survey公司研发。可以检测饮用水中多种生化污染物，包括神经毒剂和生物体毒素。本方法是基于活着多细胞生物有机体的新陈代谢及其荧光标记。有毒的时候，magna水蚤的新陈代谢减少，它们正常的可见光辐射度也减少了。测试准备包括用荧光糖试剂培养和饲养magna水蚤，测试本身需要75min。Aqua Survey公司已把IQ Toxicity Test™包装成一个叫Threat Detection Kit™的产品，公司称该产品可以监测9种不同毒性物质（能监测到的浓度低于人类致死阈值2~20倍）。EPA的ETV的项目研究显示，IQ-Tox™能检测神经毒剂和生物体毒素。但是，测试结果显示其对于饮用水及其配水系统来说不使用，因为蚤对氯非常敏感了。

Daphnia Toximeter由Bbe Moldaenke公司研发，可以在线监测，每30min一个测量循环。毒性的评估是基于对蚤行为参数的检测，比如游泳的速度、游泳的高度、转向和绕转移动、生长速度和活着的水蚤的数量。测试温度在0~30℃。运维间隔大于7天。

6.3.2.2 基于藻类的生物传感器

基于藻类的生物传感器是通过监测叶绿素的荧光反应来检测毒性化合物的

存在。藻类Toximeter（Bbe Moldaenke公司）仪器在培养箱培养藻类，调节藻类的浓度和活性。水样自动和标准化的藻类混合，并监测其荧光的变化。在没有毒性物质的情况下，藻类的活性是不变的。监测仪器的维护大约7天一次。藻类毒性测量仪还没有在饮用水监测活动中使用的经验。

Algae Toximeter
(Bbe Moldaenke)

6.3.2.3　基于鱼的生物传感器

生产藻类和水蚤的毒性检测仪器的德国公司（Bbe Moldaenke公司）也生产了鱼毒性检测仪和鱼和水蚤联合毒性检测仪。系统使用斑马鱼和水蚤，这两者都用藻类培养器培养。两种毒性检测仪都使用视觉监测来分析有机体的行为并评估其健康。测量的参数包括有机体运动速度、高度、转向和绕转移动、生长速度和活着的有机体的数量。有毒性物质存在就会影响有机体的行为参数。一个测量循环约1~30min，维护周期大于7天。

Fish Toximeter Real Time Biomonitoring
(Bbe Moldaenke)

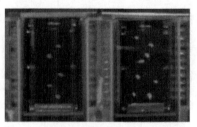

Daphnia and Fish Toximeter
(Bbe Moldaenke)

6.3.2.4 基于腰鞭毛虫的生物传感器

因为人类的细胞是真核细胞（包含细胞核和细胞器），用真核细菌模拟毒性物质对人类的响应来说更好。现今唯一的基于真核细胞有机体的用于水的生物监测器是基于腰鞭毛虫的设备，名叫Lumitox®。Lumitox®使用生物发光的腰鞭毛虫变种来检测ppb级别的毒性物质。它可用于便携现场检测，其厂家表明该仪器可以适应宽范围的pH、浊度和盐度环境。美国材料实验协会已发布了使用Lumitox®的指引ASTM E1924-97。它可以测试海流和非海流、土壤和化学物质（水溶或脂肪）中的毒性。专利产品TOX BOX®测试仪器容易操作并不需要电脑。采样扫描可以在2~4h内完成。

6.3.3 红外光谱

HazMatID™是SensIR Technologies公司最新的产品，可以识别多种的大规模杀伤性化学武器、有毒性的工业产品、麻醉药和爆炸物品。这是使用傅里叶变换红外光谱仪（以下简称 FT-IR）衰减全反射（以下简称 ATR）的光谱学方法的便携式工具，用于野外鉴定和分析固相和液相毒物。HazMatID™具有集成计算机系统，带有无线远程控制能力，可以立即将未知污染物的光谱图和已知的物质的光谱图比对。它的红外线生物检查软件在检测到样品至少由10%蛋白质组成的时候，就会给使用者报警；因为这指示了生物材料可能存在于样品中。仪器与样品的接触面是一个钻石传感器，并结合了视频监视器，可以在极端的天气和温度下运行。因为红外分析对于水样少于10%产品的样品分析受限，SensIR公司研发了用于HazMatID™仪器的配套产品，叫作ExtractIR™。这个便携工具可以采用物理方法移除混合水样中非挥发性有机化学物质。这样一来，水中低于100ppm的化学物质也能被识别。ExtractIR™仪器的检测器在全A级别的保护装置下能用于热带地区，整个测量过程需要10min。它的手提单元可以在极端温度下运行并能全部浸入水中清洗。

6.3.4　X射线荧光法

ITN Energy Systems公司已经被EPA给予小型商业创新研究（以下简称SBIR）第一阶段（2005年3月1日—8月1日）奖励。项目的最终目标是采用ITN的X射线荧光技术来提供快速、自动的传感器来追踪水中ppb级别有毒物质的浓度水平。这种技术已经在太阳能电池制造系统中使用了，传感器可以连续测量样品中非常少量的金属，并把结果反馈给过程控制中心。该传感器可以同时检测多种金属，包括汞、砷和铅。第一阶段的成功就是，传感器能够在没有其他金属、化学态金属和有机材料的干扰下，可以检测水中20ppb浓度的汞。

6.3.5　离子迁移谱

离子迁移谱（IMS）是确认和测量挥发性化合物的一种技术。环境空气或者是气样上面覆盖一层半透膜，小的挥发性化合物通过膜进入检测器，在检测器中被由镍-63放射源发出的微弱等离子体电离。被电离的样品分子在电场力的作用下迁移进测量室。电子遮光格栅周期性地许可离子进入漂移管，在漂移管里面电荷的作用下，离子分离、聚集和成型。在漂移管中小离子比大离子移动得快，可更早到达检测器。触发的光谱和作用时间都被检测器检测到并把其电流放大。微处理器评估目标化合物的光谱，并根据谱峰的高度来计算浓度。离子迁移谱已用于机场安检来检测爆炸物。有几种便携的基于IMS原理的传感器用于化学检测，但它们都被设计用于气态样品的检测。下面描述其中一种。

Smiths Detection公司生产了一个手持的化学气体检测器，名为SABRE 4000。利用IMS可在15s内检测和确认超过40种有安全威胁的物质（爆炸物、化学武器、有毒工业化学品、麻醉物质）。设备需要10min预热，带电池时有7lb重。SABRE 4000有两种使用模式，气态模式和直接热解析模式。后一种模式，SABRE 4000能测试液体和固体样品。可控的升温来气化样品和纤维固相微萃取（以下简称 SPME）探针来测量气态样品。IMS技术能检测浓度高于5~10ppb的挥发性有机和无机化合物（分子量＜1 000）。本技术可以用于测量很多不同的物质。但是目前版本只能测40~50种物质。

SABRE 4000 (Smiths Detection)

6.3.6　便携式化学传感器微芯片

大多数的便携式传感器都基于微芯片技术。微芯片的名字来自单个组成微芯片零件的测微仪的尺寸。任何能微型化到测微仪规模的技术都可以集成到固定平台上作为微芯片技术的基础。制造小型传感器的关键研发方向是微型化。半导体装置（比如晶体管和电阻）的微型化可制造微处理器，这使得电脑工业有了革命性的变化。自1990年代以来，其他一些技术已经应用了微芯片技术，那些宏观层面的技术也为微芯片平台做了新的发明。最新级别的微芯片被称为"芯片实验室"，各种各样由微芯片产生的数据都会和之前需要台式设备收集的数据相比较。"芯片实验室"主要是指微蚀刻盒子，可以装下纳升体积的液体，用于带走复杂、小尺寸、并行的生化试剂。微流体技术可以使得少量的液体（试剂或者样品）能被处理和转到微芯片组件中，这是使用水溶性试剂芯片的任何仪表设计的实质部分。

"微阵列"是指有带有独特晶带的微芯片。当前的技术可以在一个微整列上实现至多100 000个明显独特的晶带或者基础成分。阵列中的每一种要素能被设计成可以对不同的样品进行响应和反应的组件。比如，如果微阵列带有可以识别不同DNA片段的基础成分，当一个混了DNA片段的样品被送进了微阵列基础成分，仅是所有基础成分中的某一个会对水样进行反应。基础成分的反应被芯片阅读程序检测到。芯片传感器可以基于光学的、压电的、磁性的、电化学的温度计等反应机理。尽管读取微芯片有很多不同的技术，微芯片设计和微芯片读出装置可被设计为单独的系统，有时又可完全整合。微芯片可重复使用性也是可变的。有几个公司提供芯片的惯常设计，就是说他们使得微整列基础成分的某些个体可以对客户需要确认的特殊目标进行识别。

微型机电系统（MEMS）的微芯片已经使得机械和电子器件微型化了。MEMS的例子就是微悬臂传感器和磁致弹性传感器。研发基于MEMS的技术领域宽广并涵盖了很多潜在应用。因为本领域是从集成电路领域生长出来的，很多技术都是基于硅晶片技术。

生物芯片常用于构建微阵列，是基于生物组件的生物反应（比如，核酸杂交、抗体反应、催化反应）。生物分子也在芯片板式下用于生物电子应用。生物芯片可以设计成检测生物分子（DNA、RNA、蛋白质、生物毒素）和非生物化学物质。请注意"生物芯片"是指以生物为基础的芯片，并不是指其监测的目标生物种类。因为酶、DNA和抗体都是在水环境中发生作用，微流体是生物芯片技术中必不可少的技术。

有许多已被证明有效的微芯片原型技术还没有被商业化。商业化的微芯片通常在研究和诊断实验室是常见的，但是使用微芯片的支持设备（比如，微流体站、芯片读入器）需要实验室的设备，当然还包括经过培训的人力。尽管微芯片技术是在基因组学领域中高度发展起来的，但是它们也慢慢在其他领域应用，比如，医疗设备和环境传感。

国家纳米技术创新项目（联邦研发项目，协调多个部门里研发纳米尺度的科学、工程和技术）、纳米研究的强烈兴趣以及该领域的应用前景，都预示着将来极微小和纳米尺度为基础的技术将显著地促成产品的研发和商业化。

6.3.7　表面声波微芯片技术

表面声波（以下简称 SAW）几十年前都在无线电和无线电话技术中使用。对于化学检测来讲，SAW传感器被设置成微阵列，每个基础成分都被独特地涂裹。基础成分子集和特定挥发性化学物质发生反应会产生质量变化，这会产生表面声波（1~10A的震幅，1~100μm的波长），并能被压电材料检测到。对特定VOC响应的基础成分子集，能被包括带有软件的传感器识别，从而可以检测一系列物质。

Microsensor Systems公司生产的HAZMATCAD™的仪器，有三个250 MHz的表面声波传感器集成到一个手持的化学试剂检测设备中。每个传感器都涂有不同的聚合物，提供多模式传感器响应（指纹）来监测气样中的污染物。HAZMATCAD™能检测和确认痕量的化学武器毒剂，包括神经毒剂和水泡试剂，还可通过设置来检测光气和氢氰酸。HAZMATCAD™仪器加上带有电化学传感器的SAW技术，可以检测几类有毒性的工业化学物质，如特殊氢化物、卤素、血剂蒸汽。系统的分析周期为20~120s，由所选择的模式决定；在最终模式中典型的检测时间小于60s。该设备已被美国军方评估。

HAZMATCAD™
(Microsensor Systems,Inc.)

6.3.8　化学微芯片

Cyrano™Sciences公司（现在是Smiths Detection公司的一部分）已经研发了小型的"电子鼻子"，它是把导电聚合物涂层阵列涂到陶瓷基片上。每一个传感器阵列的单个检测器都包含同性质导电碳黑和不导电聚合物的合成材料。检测材料是沉积在氧化铝基片上的薄膜，位于两个电极线之间，形成了一个化学电阻。在两个电极之间测到的一系列电阻值被输出和记录。聚合化合物的化学电阻是设计用来吸收多样的被分析物。生产厂家声称聚合化合物传感器会对大范围的有机化合物、细菌和天然产物的气态形式有响应。100种不同的被分析物的鲜明特征都能存储在已经商业化的手持设备Cyranose®320的内存中。还有一个硬币大小的版本仪器叫NoseChip™已经被用于研发未来的产品ChemAlertTM和ChemBioAlert™，这两种产品可以被整合进在线传感器网络中。尽管这些"电子鼻子"不能直接测量水样，但是如果和气化技术一起使用，就可以检测水样。

6.4 新兴技术

尽管6.3节讨论了生物传感器、IMS和SAW技术，市场上已有商业化产品应用于地表水和水汽介质中，这些技术还被用于研发下一代传感器技术，所以它们也包括在新兴技术中。此外，下面将要讨论设计光纤作为连续传感器。这些新兴技术被公司、国家实验室和其他研究机构研发。

6.4.1 基于有机体的生物传感器

6.4.1.1 蚌生物传感器

和之前讨论的MosselMonitor®仪器一样，其他团体也在研究使用蚌的行为响应来检测水质。然而这些研究只用于水源水监测。North Texas大学、Little Miami公司和EPA有个联合项目在研发蚌生物监测系统。在1min之内，15个蚌的开闭被测量，同时还测量水温、pH、电导率、溶解氧。使用移动网络调制解调器把数据传输到互联网。该系统安装在Little Miami河上。目前，该系统还没有在由氯消毒的饮用水中测试。

6.4.1.2 鱼生物传感器

Wisconsin大学的Great Lakes Water研究所，正在研发一个使用基因改造的斑马鱼的生物传感器来监测饮用水配水系统中的水。将斑马鱼的晶胚注入污染水中，在孵化后应答基因很快就会响应。转基因鱼被设计成可以检测18种化学物质，包括生物战剂磷酸二乙基对硝基苯基酯、硝苯硫磷酯，这两种物质和沙林相关。污染物激发了污染响应基因，然后激发了鱼的荧光酶素的生产。酶使得鱼发光，这就能指示水的毒性。鱼可以在同一站点被重新使用，而不需要被杀掉。

美国军队环境健康研究中心（USACEHR）已经研发了基于浅蓝色食用大太阳鱼（*Lepomis macrochirus*）的肺通气和身体移动模式的生物自动监测仪。现在已被研发用于已处理废水的毒性监测，但还没有在用氯处理的饮用水中测试。

6.4.2　基于真核细胞的生物传感器

现在新兴的技术，主要在实验微芯片中用真核细胞或组织作为生物传感器。在本节中描述B细胞、心脏细胞核、鱼细胞系统还没有商业化，也没有经特殊研发而用于饮用水。但这些新兴技术将来可用于饮用水检测，可以监测样品中残留杀虫剂的浓度。

通过鱼细胞变色和色素体的移动来监测毒性。细胞储存在一个一次性的盒子里，可以通过显微摄像机来监测细胞变色。上述的数据变化可以被电脑分析。这样的一个系统可以展示1~100min内的变化，能用于连续或者便携采样测量模式。原型系统，即SOS嘧啶系统由Adlyfe公司研发。

基于哺乳动物细胞（心脏细胞）的生物传感器由斯坦福大学的Gregory Kovacs博士研发。细胞在一次性微电子阵列上被培养。通过电流的变化，跳动频率的变化以及信号传输速度的变化来检测毒性。该系统被设计为便携式手提设备。便携的以细胞为基础的生物传感器还是在原型试样阶段。神经细胞被放在可运送的盒子里，可用在监测设备中连续监测2天，用电脑程序来评估电图的变化

（平均峰的比率）。该系统叫作便携式神经微电子阵列，现在已经商业化了。

6.4.3　基于光纤的传感器

Wisconsin大学的Great Lakes Water研究所已研发了使用光纤的实时饮用水配水系统监测器。Great Lakes Water研究所的水安全部门已得到DARPA的水获取和水纯化项目的支持。监测仪包括一个通过水管道的光纤，各种化学感受体和涂裹了荧光凝胶的线缆。当毒性物质接触到接受体后，荧光团就起变化。通过光纤的激光将检测荧光团的变化，为中心监测站提供检测细节。基于激光脉冲数据的空间地图就生成了。因为目前系统只能检测其初始设计能检测的毒性物质，所以研究所正致力于研发把生物和化学受体加到线缆中，这样可以提供更复杂的检测系统。

Intelligent Optical Systems公司的DICAST®技术把玻璃和可渗透的指示性物质薄膜组成光纤，其整个长度都有化学敏感性。替代了在整个长度的不同位置由多个传感器的形式，整个长度的光纤都是传感器。因此，它就有了更大的感受面积，错过目标分子的可能性更少。DICAST®已经研发用于在空气中的光纤传感，也可以做部分改动用于水中。本光纤传感器和其他光纤传感器可监测水中溶剂气体、pH、生物物质、有毒化学物质及其副产品（氰化物）。

6.4.4　离子迁移光谱

Sionex Corporation公司的MicroDMx™技术基于MEMS格式的离子迁移光谱，因为不断变化的无线电频率场使得离子进入一个曲折路径，从而增加离子传输的路程，也提升了离子的分离度，使离子形成一个微分迁移光谱。公司有正研发用于检测空气中VOCs的手持和在线设备的仪器原型。公司也有研发计划把仪器原型用于水的检测。

microDMx™Chip
(Sionex)

6.4.5 表面声波技术

S-CAD由Science Applications International公司研发，是一个便携可手持的空气中化学试剂检测系统。本产品有两种检测能力，它们是IMS室和SAW传感器，它们和数据融合算法整合可以在不影响检测性能的情况下减少误报警。系统能够识别不同化学试剂及其浓度，包括神经、水疱和血液方面的试剂。S-CAD有获取和存储数据并分析能力，其模型设计可以和生物试剂检测器，以及其他特殊应用的传感器整合应用。该公司正在测试产品调整到水样检测应用领域的相关问题。

Sandia国家实验室（SNL）已经研发了微型机械的声、化学传感器来检测VOCs、爆炸物、毒品和化学试剂。这些小型传感器（小到0.5mm）和微型机械弯曲板波（FPW）装置相配合可以制成主要以化学传感为目的的平台。FPW技术使用聚合物胶带来选择性的吸收感兴趣的被分析物，可分析气体和液体。这些装置和SAW传感器相似，它是高度敏感的重量检测器，能够涂一层薄膜来收集ppm到ppb级的感兴趣的空气污染化学物。微型机械的声、化学传感器能通过微电子集成技术集成到硅片上从而得到传感能力。目前这些技术没有整合到任何商业化产品中，也没有设计用到饮用水配水系统中。但SNL仍相信这些技术在原位化学检测应用方面有巨大的潜力。

　　SNL还研发了2个便携式现场化学分析系统雏形，叫作μChemLab，研发者希望在2008年能整合为一个完整的系统。气相的μChemLab仪器和GC（加上了SAW传感器阵列）联用来监测空气中挥发性和半挥发性物质。本产品可监测化学物的浓度水平低至10~100 ppb，分析时间以分秒计算。液相μChemLab手持式仪器使用各种基于芯片的技术创新（比如，微流体、毛细管胶体、层状电泳柱）并把其整合到小型激光激发荧光检测器中。这种检测器可以分析生物毒素、其他无机物和大分子量的化学污染物。SNL的科学家计划未来研发的系统能检测病毒和细菌。Nanodetex公司（原来的MCL Technologies，Albuquerque，NM）是SNL许可创新来研发检测化学试剂、药物和健康监测的μChemLab仪器。目前也在研发气相的μChemLab使用到水中，包括自动现场测试三氯甲烷、石油烃污染物、化学战剂以及它们的水解产物。最终目的是研发低成本、快速、实时识别的传感器，用以测定水质和在线监测。本技术由DOE的生化项目资助，也是DOD的联合化学生物试剂水监测项目的候选系统。SNL和CH2M Hill 公司（Colorado），以及 Tenix-Investments 公司（位于澳大利亚）已经签订了协议，研发基于μChemLab设备的在线水监测设备雏形，并在2005年6月完成测试。第一阶段的测试将聚焦于检测蓖麻毒素和肉毒杆菌毒素。研发团队最终将希望其能识别病毒、细菌和寄生虫。

μChemLab™Liquid Phase
(Sandia National Lab)

　　太平洋西北国家实验室（PNNL；Richland，WA）已经设计了以SAW为基础的传感器系统来现场检测化学武器战剂。SAW传感器有化学选择性高分子聚合物膜，能提供快速、可逆的分析多种化学气体。温度分析用于辨识复杂的蒸汽信号，这是应用数学、统计、图形、象征方法从数据中提取最大的化学信息。该系统和电脑控制和数据获取整合，并在现场展示和应用。PNNL的研究者已经通过把人工合成的特异氢键结合有机（无机）共聚物涂在传感器上，来提升传统SAW传感器的灵敏度。当第一次暴露在神经毒剂和有机溶剂下，传感器在6s内可以达到总响应的90%。在实际测试神经毒剂时，响应的灵敏度比传统的传感聚合物提升至少4倍。PNNL新的聚合物当前已经商业化用于检测神经毒剂的化学传感器中。共聚物技术已经获得了批准。

6.4.6 拉曼光谱

Real-Time Analyzers公司（East Hartford，CT）最近已经得到EPA小型企业创新（SBIR）研究项目第一阶段（2005年3月1日—8月31日）的奖励，主要奖励公司提供的化学传感器能够在饮用水配水系统中多路复用，从而提供预警能力。表面提升的拉曼散射（以下简称SERS）传感器通过光纤和中心拉曼分析仪结合。项目的目标是研发的传感器可在低于1mg/L浓度的情况下，在小于10min的时间内，在流体中选择性地检测几种化学试剂的水解产物，有毒工业化学物和杀虫剂。

7 预警系统中微生物污染物检测技术

7.1 化验和传感器的总体介绍

当前，微生物培养方法相对较慢，在得到结果之前需要至少24~48h。传统的技术中，目标微生物的生长培养需要鉴定。理想状态下，微生物监测方法应该快速，可在2h内或更快的时间提供结果。本章提到的方法试图来满足这些标准。活的有机体传感器能够检测遗传物质（核酸）、蛋白质、其他细胞活性组分或者活性物质（比如ATP）。大多数检测微生物的传感器是基于生物相互作用，因此在传感技术中整合了生物组件。直接与样品成分作用的传感器组件叫作捕获或者识别组件。捕获分子可以是DNA、抗体，或者其他可以和样品成分反应或者结合的分子。被检测到的样品成分叫作目标物质。一般地，目标物质是指实际和捕获分子反应的分子，在一些案例中，是指目标分子所指示代表的整个有机体。目标分子可以是特别的DNA序列和抗体，也可以是化学品。本章展示的一些传感器可以检测化学品和病原体，但是检测化学品不是本技术的主要应用领域。

传感器的特点是由和捕获分子结合，或者特殊目标反应的可靠性和固定性决定的。捕获分子和目标分子的反应的检测是通过多种机制实现的，比如产生光或者质量改变。传感器的灵敏度基于下面两点，一是目标物和捕获分子反应的如何，二是在被检测到之前需要多少分子参与反应。反应动力学（目标分子的结合和分离）需要目标物质要相对集中，因此需要从大量饮用水样中浓缩微生物的方法。在故意污染情况下，可能不需要样品的浓缩。以上讨论的技术应用于多种传感器平台，比如免疫测定、微晶片以及液相系统。

　　EPA 没有批准或者推荐以下技术。以下的简要信息来自相关公司的网站、宣传推广资料，以及公司的代表处获得。

7.2　可用技术

7.2.1　免疫测定

　　快速免疫测定技术的原理是检测抗原–抗体反应。水中特殊的抗原和相关的抗体反应，从而锁定特殊的蛋白质。当样品中特殊的抗原蛋白质包围相对应的抗体时，微生物污染物就被发现了。免疫测定从1980年代早期就在很多研究、临床、安全和质量管理领域中应用。一个大家熟悉的测试纸类型的免疫测定就是家庭验孕测试。典型的免疫测试就是酶联接免疫吸收测试（ELISA）和酶联接荧光免疫测试（ELFA）。免疫吸收指在表面（比如膜）捕获分子并固定。捕获的分子可以是抗原也可以是抗体。加入样品中的目标分子是抗体，则抗原被固定，反之亦然。既不是样品中的抗体，也不是水样中的抗原，但被识别出来的抗体被叫作第二抗体。第二抗体和酶成对，可以形成有色的沉淀物（对于ELISA），或者在基底出现的地方减少光（对于ELFA）。每个酶分子扮演催化剂，因此就放大了成功黏合反应的信号。当分析包括捕获抗体确认抗原，由第二抗体来确认时，就称为抗体三明治分析。ELISAs的定量分析通常在实验室的微盘里面分析，需要时间和消耗移液管。然而，技术已经发展到可以提供条板化验，用于现场使用。许多免疫反应的问题就是和其他微生物进行杂交反应会导致高的假阳性率。但使用特殊目标为单克隆的抗原决定基时，已被证实和其他潜在的样品组分有很低的杂交反应。

　　免疫方法已经应用于采样分析，但是还没有应用于在线饮用水配水监测系统中。各种ELISA和ELFA的基础概念已经被吸收进微芯片的设计过程当中。

设计用于现场采样，筛查空气、食物和水中化学或微生物故意污染事件的免疫测定方法，是因为该方法能识别特殊的生物污染物或者污染物的存在与否，并能在小于15min内完成测试。测试条通常不能定量，所以结果通常需要由其他方法来确认。当抗原标记的抗体移动到测试条纹，条纹颜色的改变或者荧光信号就指示有污染物存在。

长条测试——侧向层析法

侧向层析法是检测抗原的主要技术，它是ELISA的简单版本。测试条是把可吸收的膜安装在硬板上（塑料），通常放在塑料盒里。液体样品施加在长条的一端，样品沿着长条散开，通过几个有高浓度特定抗体的条纹（很窄的区域），区域通常用颜色或者荧光试剂标记。在测试条纹的另一边有一个控制条纹作为正控制，指示了正确扩散方向和合适的起作用的条纹试剂（见图7-1）。家庭验孕测试就是侧向层析法分析的一种。传统的侧向层析法分析产生的颜色变化能被裸眼观察到。新的荧光或者磷光检测方法需要激发光或者光检测装置。

商业化的侧向层析法分析测试带叫Bio Threat Alert®由Tetracore公司生产。（Gaithersburg，MD104）。样品在测试带上并沿着测试膜移动。裸眼可以看到红色的带在正线上，指示有特殊的污染物存在。下面是当前可用的测试和检测限，以每毫升多少个菌落形成单位计（CFU/ml）。

- 炭疽杆菌（Bacillus anthracis）（1×10^5CFU/ml）
- 耶尔森氏菌属（Yersinia pestis）（2×10^5CFU/ml）
- 土拉热弗朗西斯氏菌属（Francisella tularensis）（1.4×10^5CFU/ml）
- 肉毒杆菌毒素（Botulinum toxin）（10ppb）
- 葡萄球菌肠毒素（Staphylococcal enterotoxin B）（2.5ppb）
- 蓖麻毒素（Ricin）（50ppm）

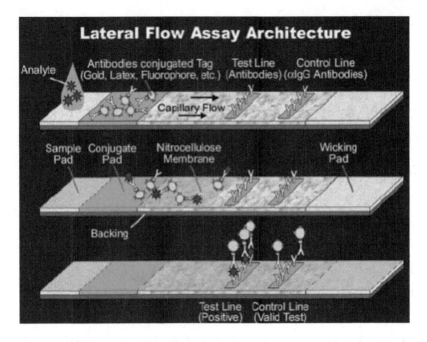

图7-1 侧向层析法分析

（图片来源http://spaceresearch.nasa.gov/general_info/homeplanet.html）

New Horizons Diagnostic公司的（位于Columbia，MD）SMART™产品使用的是相同的方法。检测是由胶态的以金标记的抗体和其相对应的目标抗原固定到小膜上。长条上的两个红线指示了阳性控制和阳性样品，测试可以在15min内完成。SMART™当前和BTA（包括Vibriocholerae 01）一样可获取。本产品对细菌的检测限是105CFU/ml，生物毒素是50 ppb。

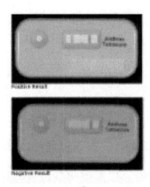

BioThreat Alert® (Tetracore)

SMART™产品已经成为Bio-HAZ™（位于EAI Corporation，Abingdon，MD）设备的一部分，该设备是一个便携式的采样和分析生物污染物的套装。主要是设计用于紧急响应和法医检验取证，套装包括液体、固体和空气样所需要的材料还有现场生物性筛查。荧光计、冷光、比色计和特殊样品分析都由手持设备完成，在现场确认生物性污染物。现场使用坚固耐用的设备，套装还包括操作指南以保证证据的完整性。

Bio-HAZ™(EAI Corporation)

ADVNT（位于Phoenix，AZ）公司的免疫测试条叫作生物武器毒剂检测装置（以下简称 BADD），已经在联合国伊拉克武器核查中使用。BADD测试条是独立定性测试环境中的样品，来筛查炭疽病毒、肉毒杆菌毒素和蓖麻毒素。当样品被转移到BADD测试条，被染色的抗体检测痕量污染物，并在两条带之间展示出来。15min以后就可以看到结果。

Response Biomedical （位于Vancouver，Canada）公司的RAMP炭疽测试是一个快速免疫层析系统。该系统有一个便携式的荧光读数计和测量炭疽病毒、肉毒杆菌毒素、蓖麻毒素和天花的测量盒。测量盒是一个带有测试线和控制线的横向流动免疫测试装置。检测器是一个粘在荧光床上抗原特效抗体。RAMP设备检测和捕获测试线相连的荧光床。RAMP炭疽测试还没有在饮用水系统中测试过。

7.2.2   细菌检测——ATP

在饮食工业中通常的细菌测试指示器是ATP测试。ATP测试在比如冷却塔的水中细菌的快速检测中使用。只需要很少的样品（一般小于 20 ml），时间在

30s到几分钟之间。自由ATP和细菌ATP都可被测量。测量细菌ATP，水样中的细胞被溶解后会释放ATP到溶液中。测量活性细胞中包含的ATP，首先水样必须过滤用于收集活性细胞，其次漂洗掉非细菌的ATP，最后细胞被溶解以释放ATP。

酶、荧光素酶、基底、虫荧光素都存在于反应溶液中。反应被荧光酶素催化，破坏ATP并从虫荧光素中释放光子。用小型便携光度计来读取反应中释放的光的量。光密度直接和样中的ATP浓度相关，并可以近似转换为样中生物体的数量。ATP测试需要使用者采购光度计易耗品（酶、基底、采样瓶）。ATP反应可以在肌激酶（AK）的作用下被放大，从而测量很少数量的细胞。

细胞中ATP的浓度和物种、毒株、环境和新陈代谢因子有关。因此ATP只是生物数量的大致指示指标。使用加标样品，可以得到更低的检测限，约为1 000 CFU/ml。因为所有细胞都含有ATP，细菌ATP和其他非细菌的ATP需要分离开来。该方法不能区分细菌的种类。总的来说，单一的相关光度单位（以下简称RLU）读数不足以评估样品中细菌存在的程度。用例行的测试建立ATP趋势线是很重要的，趋势线建立之后ATP波动的变化就指示了系统中微生物的状态。人类使用的ATP也是假阳性的原因之一。很多公司都有类似产品，下面只介绍几个应用于水检测的产品，它们都没有表明已经被第三方验证。

有几个产品可以检测水样总体的ATP，因为这对于检测高纯水样很有用，且不需要ATP的背景值。AMSALite™［Antimicrobial Specialists and Associates公司（位于 Midland，MI）］销售特别为使用高纯水工业（比如印刷业）使用的检测ATP的套装。WaterGiene™（Charm Sciences公司，位于 Lawrence，MA）的测试签有一个可以溶解细胞的盒子来暴露细胞ATP，但是它不会首先把细胞外的ATP漂洗掉。

Bio Trace International公司（位于Bridgend，UK）销售在线连续的流体ATP检测器可以用于区分背景ATP和细胞内ATP。该公司声称可以接近实时的检测，可以每分钟出结果。

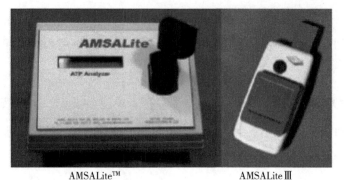

AMSALite™　　　　　　　　　　AMSALite Ⅲ
(Antimicrobial Specialists and Associates Inc.)

New Horizons Diagnostic 公司（位于Columbia，MD）的Profile®-1产品使用
Filtravette™一次性的盒子系统来移除从身体细胞（非细菌的其他来源ATP）获取
的非细菌的ATP和其他干扰化合物。这个系统已经被Deininger 和Lee证实在测量
饮用水配水系统中细菌的ATP是有用的。Filtravette™使自由ATP在细菌ATP进入
化验溶液之前被冲洗掉。

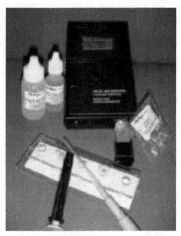

Profile® -1
(New Horizons Diagnostics Inc.)

7.2.3　流式细胞计和微流技术

流式细胞计是一个用于分析细胞的主要技术，从1960年代以来就在实验室

使用。最近，流式细胞计已经应用于医疗领域和分析环境中细菌污染物。细胞的单分悬浮体流经一个激光束（或者更复杂的设备，比如多束激光），设备测量每一个细胞的特性，比如尺寸、粒度、绿色荧光反应、红色荧光反应以及远红外荧光反应的强度。荧光反应标签可以用于多种主要或特殊的细胞成分的区别，比如DNA，RNA，蛋白质（抗原）或者其他目标分子。部分微生物可以根据不同的光散射特性和荧光特性来区分。还可以给样品中活着的细胞染色，这样流式细胞计就可以计算活细胞和死细胞的比率。在一些案例中，核酸介入染色能用于测量DNA/RNA的比率、腺嘌呤胸腺嘧啶/胞嘧啶鸟嘌呤的比率，可以有助于描述样品中细胞的特征甚至可以确定某些微生物。有荧光标签的抗体可以用于确认气溶胶、水、土壤和食物中特殊的有机体。

或者在多色化验中，特殊抗体附属物的荧光性可以检测毒性和病毒。同样的技术可以检出和区分个体细胞也可以用于分析细微颗粒。

BioDetect公司（位于Houston，TX）的Microcyte Aqua® 和Microcyte Field®产品是手提箱大小的流式细胞计，在和荧光标签联用的情况下可以用于现场描述颗粒的特征甚至识别微生物。Microcyte Aqua®的主要目标是原位分析水中的藻类和其他微生物。BioDetec声称该设备需样量少，可以适用于整合到在线、连续的水监测系统中。该设备能区分生物和非生物颗粒，这对于总体颗粒和不总是存在的微生物颗粒之间的相关性应用非常重要。

Microcyte Aqua®
(BioDetect)

Brightwell Technologies公司（位于Ottawa，Canada）生产的自动微流成像设备，它就像一个颗粒物计数器，但实际上是捕捉水样中颗粒物的数字图像。水样被吸进微流体流通池，每秒钟照一张数字图像，符合使用者定义参数的图像就被储存。分析1ml的水样需要5min。和1μm大小的颗粒物可以被照相机捕捉，分辨率为0.2μm。颗粒大小和浓度被分析，数据以图形的方式展示。水样不需要预处理，仪器可以连续或者间断的运行。公司已经在饮用水和废水处理厂应用了此项技术。

Micro-Flow Imaging(Brightwell Technologies)

7.2.4 生物颗粒监测器——光散射技术

光散射技术是一个简单的扫描程序，可以提供特定大小颗粒物的存在信息。当激光束透过流动的水，激光被水中存在的颗粒物直角散射。光电管之类的光路设备收集散射的光，用来分析水样中颗粒物的大小和数量。

水中颗粒物报警是非常有用的，可以很快地给水管理者提供可能污染的快速报警。但是不能提供颗粒物识别的特殊信息。因此，它只能检测特定大小的颗粒物，不能区分谷物颗粒和有害的微生物。其结果就是，这个技术有很高的假阳性率。

在线浊度仪，是使用连续光散射技术测量水的浊度，已广为人知并在水工业中广泛应用。浊度计使用钨灯、发光二极管或者激光。浊度监测在产水和用水部门应用普遍，监测结果可以给水供应商报警，可指示其过滤系统出现故障或者细菌发生了增殖。同样的浊度技术能应用于在线连续监测饮用水配水系统，可筛查故意病原体引入事件。光学技术可以克服传统检测技术诸如速度慢、需要人力多、不稳定、回收率低的缺点。

美国供水工作协会研究基金（AwwaRF）的一个研究项目确定多角度光闪射（MALS）能够在很大水平上区分隐孢子虫属（*Cryptosporidium*）和饮用水基质颗粒，可以作为水系统的预警工具。小型隐孢子虫（*Cryptosporidium parvum*）卵囊的识别率在11%~45%变化，假阳性率在0.3%~3%变化。MALS系统可以由使用者调整，但是使用者必须明白高的识别率会带来高的假阳性率。MALS还能区分隐孢子虫属（*Cryptosporidium*）卵囊的不同物理状态，包括被臭氧处理过、热处理过，以及从未处理过的活着的卵脱囊。该技术使用光学特征来识别不同类型的卵囊。本发现对于水系统操作者来说很重要，因为它可以帮助使用者来监测隐孢子虫（*Cryptosporidium*）卵囊的危害是否因补救措施减少。MALS的检测限能作为预警工具监测水中污染物的爆发。对于纯水，预计的检测限（ELOD）是7、0.7和0.1卵囊/ml分别在 1、10和60min里面检出。研究者认为MALS技术适合在饮用水配水系统监测。该技术在San Diego州立大学"影子碗"中测试，"影子碗"快速响应措施测试组织，用以处理潜在的国家安全紧急事件。

AwwaRF在MALS上的研究项目已经有了商业性产品叫作BioSentry™，由JMAR技术有限公司生产（位于Carlsbad，CA；由LXT Group和PointSource Technologies组建）。BioSentry™单元已经做了现场测试，产品在2005年晚些时候商业化生产。系统有多功能和激光照亮传感器单元组成网络，能连续、实时监测饮用水配水系统。它使用660 nm波长的激光和电荷耦合的（以下简称CCD）检测器来收集散射光。技术使用纳米散射，是从入射光的方向测量，而不依靠光的特殊波长。虽然纳米散射已经用于其他颗粒物计数技术，这是第一次应用于水监测。光从各个方向被收集，这比只从一个方向收集的光更能捕获颗粒物的信息。数据中心的电脑可以使用LXT（有专利权）算法来分析形状、大小、折射率、颗粒物的内部结构以识别污染物。对所有因素的分析将有助于减少因系统只检测颗粒物大小而引起的假阳性。BioSentry™也可以给系统操作者提供未知或未识别的污染物报警。

本技术面临的两个主要挑战是假阳性和灵敏度。使用多角度收集光和复杂算法的光散射技术和只计算特定大小颗粒物数量的技术相比有更低的假阳性率。为了保护人类免于受污染水体的危害，检测技术必须灵敏地检测到危险水平以下的微生物，可能在1个孢子/100L中。JMAR在2005年做现场测试时能够精确地评估BioSentry™产品的有效性。

Rustek有限公司（UK）已经研发了多角度激光散射技术（MALLS）和模式识别技术相结合的设备，提升了微生物污染物监测的技术能力。Sheffield Hallam大学（位于Sheffield，UK）的计算研究中心正在使用Rustek公司的MALLS设备。该技术当前被广泛用于水工业来检测细菌，比如供水公司、瓶装水工业、酿酒厂和医疗领域。设备分析光是如何散射的，从而来测量水中的颗粒物的含量。当激光束通过水样，它会被颗粒物打断。最终的光图，或者是被颗粒物打断的激光束的最后状态，表示了光的方向和光的强度。因此振幅的波动和密度的变化可用来测量水样中微生物的多少。

7.3　潜在的可调整的技术

本部分所展示的技术是潜在的和适合用于饮用水配水系统中，但是还没有完全到商业化阶段或者是在第三方的验证中。这些技术都发端于原水和非水介质的应用。

7.3.1　基于光纤的生物传感器

RAPTOR™产品由美国海军研究实验室和国际研究室（位于London，UK）联合研发，是一个便携的可快速自动荧光测量生物污染物、毒性物质、爆炸物和化学污染物。设备整合了光学、流体、电子和软件多项技术，可以在实验室和现场分析。可以运行使用者定义的多步骤的分析，在四个免拆洗的光路传感器表面监测能发生荧光反应的化学物质。国际研究室研发的生物传感系统基于单层接受器配体反应，该反应发生在聚苯乙烯注塑的波导管表面。用于识别特定病原体基线的实验计划叫作"三明治模式"荧光免疫分析。蓖麻毒素和B型炭疽病毒在分别在低于1.0ng/ml和100CFU/ml情况下能被检测到。RAPTOR™在没有传统培养的时候都能做到实时检测微生物病原体。该便携式设备能同时在7~12min内测量多个被分析物。

Daniel Lim's 实验室（位于 South Florida大学）参与了研发RAPTOR™的活动，目前该活动进入了雏形阵列生物传感器和过滤富集系统联用阶段，自动连续的检测当地供水公司的饮用水。过滤富集系统采用的是从大体积水中富集微生物的中空纤维过滤器。系统将被反冲洗，反冲洗将会把样品直接送入生物传感器。这预先考虑了生物传感器能识别饮用水配水系统中特别的微生物和有生物毒剂。

7.3.2 加载染料的微球

Luminex®公司（位于Riverside，CA）的XMAP®系统包括了5.6 μm的聚苯乙烯微球体颗粒，微粒被染上了红色和可以按比例的红外荧光物质，可以区分100个色彩编码。每一个微球都可以涂上一层可区别的捕获分子，它们可以进行核酸杂化反应、抗体识别反应、受体配合基反应，或者是酶反应。反应时间比标准微阵列要快3倍，因为微球在溶液中是3D暴露，接近了液相动力学，而微阵列被固相动力学所限制。单个微球通过检测室时被光学测量。Luminex®在基因组学和蛋白质组学中应用广泛。Lawrence Livermore国家实验室（以下简称 LLNL）的研究者使用Luminex®技术研发了自主病原体检测系统（以下简称 APDS）。系统有基于时序注入分析（以下简称 SIA）的自动样品准备模块。APDS使用多路复用的微球免疫测定细胞计数检测和气溶胶采样系统匹配。系统可以在无人值守的情况下运行5天。

Luminex ®X.MAP®(Luminex Corp.)

7.3.3 ATP检测

目前有几种ATP检测系统可以用于水样的检测。还有其他几个商业上可获取的系统值得注意，因为它们已经在食物和饮料工业有长期的应用，应可以应用到饮用水监测中。Celsis-Lumac 公司（位于Landgraaf，The Netherlands）销售的细胞ATP 检测系统名叫RapiScreen™，可用于测量肉制品表面和饮料里面的细菌。Hygiena 公司（位于Camarillo，CA）也在销售Celsis-Lumac技术，已经研发了液体稳定试剂和冻干试剂用于ATP的生物发光应用。

7.3.4 基于细胞的生物传感器

麻省理工大学（MIT）研发了蜂窝分析和抗体风险与收益告知系统（以下简称 CANARY™），已经授权给Innovative Biosensors公司（位于College Park，MD），现在市场上的销售名字是BioFlash™系统。在这套系统中，基因改造的B细胞表达的抗体和目标抗原相对应。当目标抗原出现在试样中，B细胞发射出光（通过绿色荧光蛋白），光会被光度计检测到。液体和固体样品都可以被测试。液体样的测试步骤有5步，包括读数时间在内总共需要5min。样品准备时需要消除的抑制因素是氯。原始的研发文件表明对于Y. pestis的灵敏度是200 CFU（在$20\mu l$的反应体积里面），B. anthracis的灵敏度是1 000 CFU（用1ml浓缩缓冲液漂洗药签时），对于牛痘病毒是500 PFU的灵敏度（20 μl的反应体积）。必须为每一个目标抗原研发不同的细胞系。但是该系统还没有经过第三方验证。公司在推广CANARY™时，是靠它在食物检测、动物健康、生物防卫、卫生保健、药物研发以及在疾病诊断中的广泛应用。

BioFlash™(Innovative Biosensors Inc.)

7.3.5 聚合酶链式反应

聚合酶链反应（PCR）是检测/识别生物体的分析技术，其方法是通过锁定生物的核酸（DNA/RNA）。PCR是在分子生物领域高度发达的技术。它广泛应用于几乎任何需要检测和识别DNA的场所。

目前有很大数量的核酸被人工合成，随后又被多种技术识别。在安全应用领域，可以用来检测和识别生物污染物。PCR的检测过程如下：

- 微生物细胞被分解暴露DNA/RNA。分解技术包括细胞酶溶解，冷冻−解冻循环，或者小珠敲打。
- DNA/RNA被萃取和提纯，以防止诸如叶酸的干扰。
- 各种试剂被加入（比如DNA处理剂，过量的核苷酸基础以及产生DNA的酶）。
- DNA会通过热循环人工大量合成，DNA通过一系列30~45个温度循环来产生数以十亿计的复制品，从而放大了DNA。
- 被放大的目标DNA可使用各种方法来检测，比如电泳法、荧光基因探针以及荧光融化弧线。

PCR是一个潜在的敏感性高的快速检测方法。可以监测任何含有核酸的有机体，包括病毒、细菌和原生动物。其选择性强，能用于筛查特别的污染物。若使用包装好的试剂袋，也很容易实行。但是本方法不能区别微生物的生死，还会受到自然因素（比如土壤腐殖质和棕黄酸）的负面干扰。因为PCR反应需要在小体积中进行，样品需要被减少到微升体积。目前，有几款便携分析设备是基于PCR技术。

强化高级病原体识别装置（RAPID），由Idaho Technologies 公司（位于Salt Lake City，UT）研发，已经在军队广泛使用。它能同时扫描8个污染物，使用封闭系统来减少污染。所有的试剂都使用冻干粉。它通过自动的细胞溶解以及和PCR方法相适应的必要萃取和提纯。反应体积在10~20 μl。热循环已经被预先编程测试和自动解读数据。设备重35lb，可在30min内分析样品。能被RAPID系统检测的微生物如下。核酸检测限（以下简称 NALOD）指示在括号里面（单位是基因当量GE，或者是空斑形成单位当量pfu-e）。

- 炭疽杆菌 *Bacillus anthracis* （5GE）
- B布氏杆菌*rucella* spp. （10~20 GE）
- 沙门氏菌属*Salmonella* spp.
- 耶尔森氏菌属*Yersinia pestis* （5~40 GE）
- 弗朗西斯氏菌属*Francisella tularensis* （2.3~7GE）
- 大肠菌属E. coli O157:H7
- 利斯塔氏菌属*Listeria monocytogenes*
- 弯曲杆菌属*Campylobacter*
- 肉毒杆菌属*Clostridium botulinum*
- 天花Orthopox （200~350 GE）
- 天花Smallpox （40~125GE）
- Q热Q fever （5~31GE）
- 斑疹伤寒*Typhus* （10GE）
- 马鼻疽*Glanders* （5GE）

- 埃博拉病毒*Ebola virus*（260~06pfu-e）
- 马尔堡病毒*Marburg virus*（1.9~4pfu-e）
- 马脑炎病毒 *Easter Equine Encephalitis virus*（20~5 000 pfu-e）

RAPID (JBAIDS)
(Idaho Technologies)

　　RAPID可被使用检测水样中的病原体。EPA和美国军队正在研发应用于水中的仪器原型。目前，EPA的ETV项目正在研发仪器灵敏度、抗干扰和交叉反应性能。2003年9月，Idaho Technology公司赢得了联合生物试剂识别和诊断系统（以下简称 JBAIDS）的合同。2005年3月，RAPID在Brooks City-Base，TX经历了2个星期的操作测试。位于Kirtland空军基地的空军操作测试与评价中心领导了本次测试，军队医疗部门提供了培训和技术支持。在被联合服务数据鉴定识别后，操作测试结果将被提交给化学生物防务联合项目执行办公室，以备最后核准。如果被核准，JBAIDS将在2005年进入全速率生产，在随后的3年DOD将会在整个服务领域配送450套系统。

　　Idaho Technology公司最新的便携式PCR设备，名叫RAZOR，和12种不同目标的叫作PathFinder™的冻干粉试剂（用柔软的塑料袋子）配合使用。试剂需要的水样数量一定，反应试剂袋的采样接口已经设计好，因此不需要测量其体积。反应试剂被装载进循环装置，出结果需要30min。装置包括电池重9lb。

　　Bio-Seeq™由SmithsDetection（位于Edgewood，MD）公司研发和商业化，是手持的以PCR为基础的生物检测器。采样准备盒可以在现场采样和分析。检测生物或病毒所需要的所有试剂、过滤器和混合化学试剂都在样品准备盒里，不需要移液管管理器和样品瓶。仪器有6个检测组件（热循环或者光路组件）执行热循环、光路读数，并为每个测试报警。每个组件有两个独立光路通道能用于单个测试。用合适的试剂，这些通道能进行正控制的情况下，在样管中测量目标样，设备能在30min内检测1CFU（在28μl样品体积中）。

 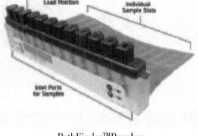

RAZOR   PathFinder™Pouches

(Idaho Technologies)

LLNL已经研发了基于实时PCR的"手持核酸分析仪"（HANAA）。该技术已经被授予Cepheid公司，该公司为美国邮政服务局研发生物传感器。HANNA能在10min以内确认有机物。这需要操作者准备样品并选择目标病原体试剂加入反应管中。水环境基金会（WERF）已经用水中病原体（*Cryptosporidium parvum*和*E. coli* O157:H7）测试了HANNA。

HANAA (Lawreoce
Livermore National Lab)

Cepheid公司（位于Sunnyvale，VA）的Smart Cycler®XC是一个便携的PCR机

器，使用的是公司有知识产权的I-CORE（整合了冷却和加热的光路反应）模块来同时放大一个样品中的4个目标。放大器能实时监测并至少在30min内完成。公司新的GeneXpert系统包括了只需要5min的盒子样品准备系统。在2001年美国疾病预防与控制中心研发和识别几种生物威胁试剂的测试套件，来最大化使用Smart Cycler®。实验室反应网络（LRN）使用CDC识别套装和Smart Cycler®来提供全国范围的筛查和参考测试用于对生物恐怖袭击的响应。2002年Cepheid公司给美军传染病医学研究所（USAMRIID）发送了现场使用的DNA测试套件，用于快速检测4种生物威胁，它们是炭疽病毒（*Bacillus anthracis*）、鼠疫（*Yersinia pestis*）、野兔病（*Francisella tularensis*）和肉毒杆菌中毒（*Clostridium botulinum*）。Cepheid公司和USAMRIID在DOD合同项下的合作研究，并确认和DNA序列测试相结合的测试，可用于生物威胁物质检测，使用的是Cepheid公司有产权的试剂配方，其"冻干"过程便于试剂持久稳定和方便使用。这个系统已在全美很多邮政办公室使用。系统的灵敏度小于30个孢子（水中或者是缓冲液），目标假阳性率小于1∶500 000（99.999 8%），没有临近生物的交反应，小于1%的非限定率。炭疽病毒测试试剂已经被第三方政府机构评估确认。2005年，公司将生产三合一测试试剂盒，用于单独或者同时检测炭疽、野兔病和鼠疫。但应用到饮用水监测中，则还需要水样浓缩技术。

Smart Cycler®   GeneXpert®

(Cepheid Inc.)

PathAlert™（源于Invitrogen FederalSystems公司）检测系统和2100型生物微流电泳系统（源于Agilent Technologies公司）联用，是一个基于PCR系统能够采用单个试剂或者多试剂形式来检测有威胁的生物性制剂。现有的产品包括了为B型炭疽、*Y. pestis*、牛痘、单个试剂、*F. tularensis*准备的单个试剂，而每个反应有多个基因座。此外，多试剂单个反应分析可以同时测试这四种物质。随着分析实际的发展，对于水中其他病原体也可以测量，比如，*E. coli* O157:H7，*Cryptosporidium parvum*，*Giardia lambia*，*Salmonella species*，*Shigella sp*，使用者可以使用一个多试剂分析包，可以一次实验确定4~6个目标测试物。PathAlert™在2004年作为EPA的ETV项目被测试了。在测试中，系统能够克服环境中黄腐酸、人类核酸的影响。系统能够被用在标准稳定和移动实验室环境中。尽管PathAlert™还没有便携化，但是项目报告中包含了其技术内容，因为研发者已经明确专注于有威胁的生物性制剂和EPA的ETV项目技术，还同样存在于美军Dugway试验场中技术准备就绪指引中。

PathAlert™
(Invitrogen Federal Systems)

围绕DNA基础结构和PRC的技术已经研发，还成功地展示了论证原理；该技术叫作三角分量基因风险评估（TIGER），TIGER由Isis Pharmaceuticals公司（位于Carlsbad，CA）研发，和SAIC合作，并由DARPA资助。TIGER生物传感器系统能够在几小时内识别大范围有传染性的生物体，包括已知的、未知的、没有培养的和生物工程改造的生物体。PCR技术设计基础是把未知有机体和它们的近亲放在一起，多个基础对瞄准病原体基因的多个位置。质谱用于获取质量标识数据。RoboDesign International公司（位于Carlsbad，CA）正研发TIGER 2.0，这是一个受技术人员干扰最少的自动系统。空间是8×8英尺，然后被转换到USAMRIID 和CDC。独立的培养方法可以测量灵活的样品（比如血液、尿、泥土和其他环境样品）。尽管本技术既不是便携式也不是在线技术，但是它超越了标准的PCR技术，即一次只能测量一个已知病原体的技术。

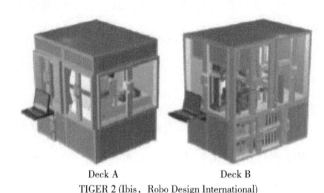

Deck A　　　　　　　　　　Deck B
TIGER 2 (Ibis，Robo Design International)

7.3.6　生物光电子传感系统

DARPA资助的生物光电传感器系统研发（BOSS）中心合作研发技术来检测化学和生物战争制剂威胁，合作方包括了各大学的研究团队，包括贝克莱的加州大学，科罗拉多州立大学，哥伦比亚大学，佐治亚州理工大学，伊利诺伊大学厄本校区、密歇根大学、得克萨斯大学。佐治亚州理工大学的应用传感实验室正使用在中红外区域光纤耗损波光谱来感测捕捉目标相互作用。传感部位被镀上了一层薄薄的高分子聚合物（能够分子打印的高分子聚合物，见7.4.13小节）形成一层疏水膜，作用是富集传感器表面的疏水分析物并抑制吸水物质的基质干扰。佐治亚州理工大学已经研制了海军和地下水应用的传感器。研发者声称，传感器响应快速且高度敏感，可以提供实时直接测量而不需要其他步骤和试剂，能够检测水中、空气中和生物样品中的大范围化学和和生物种类。

7.3.7 表面等离子体共振

表面等离子体共振（SPR）是通过测量折射率的变化来检测质量的变化。传感芯片包括一个镀有薄薄一层金的玻璃支撑表面。金表面能被很多种方法改良用以固定不同的化合物。比如，如果金表面被羧甲基化右旋糖苷层改良，各种生物分子能够在不改变性质的情况下粘连在这个亲水层上。当样品通过芯片表面（通过微流体）时，被分析物和固定的目标相反应或者绑定而被捕获。蛋白质、核酸、脂类、碳水化合物，甚至整个细胞之间的反应都能被研究。当绑定发生时，质量增加，当分离发生时，质量减少。当它们发生反应，并引起质量变化信息（比如动力学、吸引力和样品中分子的浓度），这些质量变化的信息会被检测到。和100个Daltons大小的分子绑定都能被检测到。便携式设备也正在被研究。有个叫作表面等离子耦合（SPCE）相关的技术，正由马里兰州大学研发，它有潜力提升相比其他荧光技术1 000倍以上的灵敏度。

Nomadics® Advanced Instrumentation集团（位于Stillwater，OK）为在便携SPR平台上研究化学和生物污染物的研究者提供了SPR评估模块。移动的评估模块基于Texas Instruments公司（位于Dallas，Texas）的Spreeta™生物传感器，它能够实时定量测量生物分子的相互作用。模块包括50个传感器（芯片），带有电子PC界面控制（Windows操作系统）的流通池。Spreeta™被设计成封装整个SPR光路系统，使设备很紧凑整合进各种设备的设计之中。设备能用于检测和识别特殊污染物的存在与否，能应用于农业、水质、医疗和食物安全方面。斯坦福大学的研究者测试了Spreeta™，并认为该传感器展示了廉价、便携和精确的特点，并有实验室和临床的生物分析应用前景。研究团队还报告，该测试方法中分析物的浓度相当于90 fmol 免疫球蛋白的检测。2006年Nomadics发布了基于Spreeta™的生命科学平台。

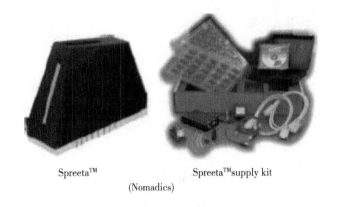

Spreeta™　　　　　　　　　Spreeta™supply kit

(Nomadics)

7.3.8　电化学发光

电化学发光（ECL）技术是使用钌金属离子标签系统里面的氧化还原反应所激发的光用于检测的技术。捕获分子（比如，抗体）被吸收到支持表面，就像磁珠或者是微阵列一样。样品中目标分子的增加和钌化抗体形成了抗体"三明治"，通过测量钌化抗体被电极刺激后发的光来监测目标分子。反应的背景信号很弱，因为电子仅仅能刺激附近的钌，这对于620nm的发射光熄灭也不是问题。对于其他基于抗体的技术，和ECL技术一样要用于饮用水配水系统中，都需要减少采样体积。

ECL由BioVeris研发（位于Gaithersburg，MD）。BioVeris公司的BioVerify 测试仪使用两种抗体，用来识别病原体和毒性物质，一个固定在顺磁性的微球上，另外一个使用BioVeris公司的BV-TAG™示踪剂。样品和抗体试剂混合并送入基于流体的M1M分析仪，它能把这个混合试剂传送到测量室并在电极上面收集微球体。电极刺激BV-TAG™示踪剂弹跳（经过抗体和孢子）到微球，并释放可以测量的光。对于M1M分析仪，可以化验以下物质：肉毒杆菌、神经毒素 （A，B，E，F）、炭疽病毒、蓖麻毒素、葡萄球菌、肠毒素（A，B）、大肠杆菌（O157:H7）、李斯塔氏细菌、弯曲杆菌和沙门式细菌。M1M由一个手提箱大小的设备和相分离的试剂组成。该仪器的生产公司主要在生物防御领域推广仪器，并可以用于研究和测量环境样品。

MlM Analyzer
(BioVeris)

Meso Scale Defense公司（位于Gaithersburg，MD）也销售使用ECL技术的系统。该公司的MULTI-ARRAY™和MULTI-SPOT™微盘都把电极整合到盘子底部。捕获分子被固定在盘上，样品和MSD-TAG™被冲过阵列。当目标分子存在时就形成了抗体三明治，随后被检测到。Meso Scale Defense是市场上的领导者正在设计便携的第一响应盒式检测器。

7.4　新兴技术

新兴技术是指样机、实验室设备，或者是可以整合到旧系统中的技术进步。本节系统讨论在免疫、概念验证、原型微芯片技术、微珠和光散射技术方面的更新。对免疫技术的介绍主要在7.2节描述了。现在的商业产品中，微芯片一般应用于其他领域，比如基因研究和临床分析。这些技术的其他潜在应用范围是包括饮用水传感器在内的丰富多彩的。无论这些技术是否曾经用于研发专注于饮用水的产品，其很大程度上有赖于成本。但是成本研究超过了本研究的范围，它需要专门的经济因素分析。不考虑成本把技术研发成产品应用于饮用水配水系统是可以实现的，但最终会抑制它们在水应用方面的发展。此外，很难去确定这些技术的检测限，因为检测限要基于特定基体中特定的污染物。而这些技术还没有调整到在饮用水配水系统中使用。

7.4.1　侧流试验

NASA的喷气推进实验室已经研发了定量侧流法（QLFA），在空间测试饮用水样。依靠特别抗体的使用，测试条可以读出水样中总的菌落初步计数，还可对水样中有机体进行初步分类，比如病毒和主要细菌分类。测试只需几分钟，不需要对细菌进行培养。使用新的荧光染料（比如Qdots®），相对低浓度的抗原可以被检测到，Qdots®比传统的荧光示踪剂要明亮得多。

7.4.2　标记物

Quantum Dot公司（位于Hayward，CA）的Qdots®产品是纳米晶体球，可以发射不同波长的荧光。其外表面可涂上一层DNA、抗体或者接受体等生物分子。尽管胶状分散染料可以自然产生而且在绘画中使用了好些世纪，但突破性的技术是创造了可溶的、对细胞无毒的荧光版本。Qdots®当前推销的是对活性细胞的亚细胞组件染色并用于成像。其他研究者正研发量子原子团技术。量子原子团有能力定量检测样品中的生物细胞。位于Cincinnati，OH的EPA的OGWDW的技术支持中心正使用量子团作为传感器技术的一部分来检测地表水和饮用水中蓝藻以及它们的毒性物质的产生及流行。EPA研发的生物传感器将可以在野外便携式使用，最终可以调整应用到连续监测中。EPA研究目的是研发分子方法来检测蓝藻，同时提取和检测官方感兴趣的蓝藻毒素。

另外一个新的标志技术是恢复荧光技术（UPT）。SRI International公司（位于Menlo Park，CA）和OraSure Technologies公司（位于Bethlehem，PA）合作在DARPA的支持下，已经研发了轻重量、电池驱动的手持传感器同时检测多种病原体（病毒和细菌）以及它们的毒性物质。系统在侧流免疫测试条中，使用UPT™对多种病原体同时编色码。恢复荧光技术在近红外光的激发下产生的可见光有以下几个优点：（1）单个离子检测灵敏度；（2）倍增效应；（3）没有自发荧光；（4）没有光致漂白。SRI迄今为止研发了10个UPT™荧光体，每一个产生不同的颜色，因此可以在同一个样中同时监测几种污染物。传感器能在15min内在小于300μl的体积中检测10～1000（pg）/ml的小目标抗体（比如，病毒，毒物）。对于孢子和细菌，灵敏度可以低于1000 CFU/ml。长远来看，本技术已经在研发可用于生物液体（口腔液体和血液等），但是未来研究目标是把UPT™用于包括饮用水在内的环境测试。OraSure Technologies拥有商业化权利，可能研发该项技术用于工程应用，比如生物战争防御、组合化学、生物分子筛查、医疗诊断和药物测试。

7.4.3 磁珠

由 Dynal Biotech LLC公司（位于Oslo，Norwa）研发的Dynabeads®，是一款实用快速分离和检测液体和黏性样品中微珠、核酸、蛋白质和其他生物分子的产品。Dynabeads®技术基于免疫磁性分离。这些细微（1~4.5μm）的珠子的聚合物壳能够涂上多种配合基（抗体、低聚核苷酸、DNA/RNA探针），可以绑定特定的目标。大小可变的联合体和配合体小珠类型促进了检测和识别广泛多样的目标。本技术已成功在小于5h内检测了水中的大肠杆菌。尽管Dynabeads®没有被Dynal公司推荐为用于CBW的检测工具。但是它能用于流量计数装置和其他技术来监测小的示踪颗粒。

7.4.4 溢流柱

现实的生物检测分析分发系统（BEADS），由PNNL研发（位于Richland，WA），是一个便携自动的为病原体检测做准备的前段采样准备装置。系统的特点是微小尺寸的玻璃、聚合物或者是镀有对特定化学物或者生物种发生关系的抗体磁性珠。珠子用色彩编码，作为用以区分用萃取和检测多种病原体不同化学物质的标签。液体样品流经可再生的以珠子为基础的免疫柱，它来分离和包围珠子的整个细胞、蛋白质、核酸和化学物质。除了样品的纯化和浓缩外，BEADS有它自己的PCR检测器，或者能和其他检测器技术相结合使用。在样品准备和分析中不需要人力和系统互动，现场测试结果可以被电子化远程传输。BEADS系统已经成功地检测了TNE、杀虫剂和除草剂、肉毒杆菌毒素、大肠杆菌和炭疽病毒，需要4h完成。目前还没经第三方核实。

7.4.5　拉曼光谱

Biopraxis公司（位于San Diego，CA）正研发了无试剂的、便携的生物传感器，它的第一版本的名字是"Doodlebug"。该生物芯片上有生物分子固定在一个表面增强的拉曼散射（以下简称 SERS）活性金属表面。当样品施加到芯片表面，固定的捕获分子选择性的绑定他们的配体。芯片读取器，是拉曼显微镜，用激光照亮芯片的表面，散射光就被收集了。散射光的波长和强度被用于分析交叉反应的单个分子结构。本技术能检测化学物质（包括爆炸物）和生物体。Biopraxis正在研发同时测量8~10个不同目标的生物芯片。WERF的研究显示"Doodlebug"可以区分6个军团杆菌属物种，即近期传代（新鲜）的卵囊，它们是C隐孢子6基因型2株，3基因型一株，C 火鸡隐孢子虫株和梨形鞭毛虫样品。60s可以获得结果。环境影响和水处理条件合适情况下，本技术将能够区分活着的和无法生活或者是受伤的有机体。SERS的细节信息甚至可以识别一个卵囊的年龄（比如，是否太老而没有传染性）。该技术的敏感性排除了放大技术的需要，比如PCR、荧光标签和酶反应，从而极大减少了来自样品要素潜在的错误响应，这些要素要么最小化了，要么抑制了标签的信号或者是影响了酶反应。其他几个公司也有便携的基于拉曼光谱技术的设备。

7.4.6　微电子阵列

CombiMatrix Corporation公司 （位于Mukilteo，WA）正在测试它的生物威胁

检测系统，名叫Sen-Z，是一个手持、便携的捕获和电子化测试一些威胁物质（比如炭疽孢子、天花病毒颗粒、蓖麻毒素和贝类毒素）。CombiMatrix的核心技术包括在1cm²里面有1000~12000个微电极的微阵列。每一微电极上都涂有多孔反应层，作为反应瓶。微电极会使得pH局部变化，这指示着微电极上捕获的分子是人工合成的还是沉积下来的。CombiMatrix微阵列已被用于检测DNA杂化和抗原-抗体反应。Sen-Z™的主要特点是：多种免疫化学化验，可被快速设定为检测大范围威胁试剂的平台；无荧光的电化学方法实时的电子学检测，自动采样收集、准备、检测和分析，以及高灵敏度（蓖麻毒素可以达到60 pg/ml）。目前，本技术专注于分析空气样，但公司相信样品分离技术和过程技术的整合可使本产品用于水质监测系统。

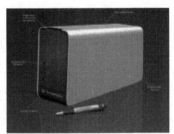

Sen–Z™(CombiMa trix Corp.)

7.4.7　凝胶固定化合物微阵列

阿尔贡国家实验室的生物芯片技术中心研发了可重复使用的胶体固化组件的微阵列（MAGIChip™）。可以在几秒钟之内执行成千种生物反应。MAGIChip™是一个小型玻璃滑面，有着可以作为微测试管的10000个以上的3-D凝胶垫。可以自动填充来自细菌、病毒的DNA和蛋白质片段或化学物质。需要分析切片的台式设备。阿尔贡国家实验室的研究者正研发生物芯片的新应用，正在编写快速样品分析的程序，并研究缩小便携式读取器。本技术已经用于基因表达、环境清理和农业的微球分析，常规的血液和尿液蛋白质分析，外太空的生命探索以及法庭DNA测试。尽管它有潜力用于EWS的生物污染物检测，但是还没有准备好做这方面的测试。此外，本技术调整用于饮用水配水系统最需要的技术就是减少样品的体积。

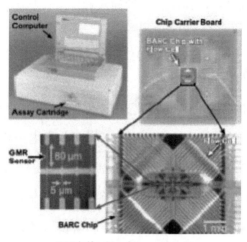

BARC Chip(Naval Research Lab)

7.4.8 磁性微珠

由Naval研究实验室研发的珠阵列计数器芯片（BARC）包括一个固定在表面的DNA点阵列。样品中的DNA和芯片上固化的DNA的杂化反应被直径为$1\sim3\mu m$的磁性珠检测到。芯片的磁场微传感器是μm级别的，使用巨磁阻（GMR）材料组成的金属丝状的结构能检测单个的磁珠，这与需要荧光技术的光检测相比，灵敏度更高，结构也更加紧凑。随着技术的进步，研究者展望，数百万的微米级别以下的GMR材料能灵敏度高的同时检测上千的DNA片段是可能的。

7.4.9 DNA微阵列

DNA微阵列（DNA芯片）能包含100000个不同的打印在玻璃显微镜载物片上的DNA点，或者是照相平板上固相化学物能用于生产的微阵列在$1.28cm^2$上有500000低核苷酸的探针（Affymetrix Genechip®）。当一个未知DNA的样品暴露给阵列上的点，未知DNA就会和点上与它互补的DNA发生杂交反应。通过PRC反应，样品DNA就被标记了，这样芯片读取器就能检测到微阵列杂交反应在那里发生。微阵列可以设计为可检测多种序列从而识别关心的特殊的病原体。在基因研究中，微阵列被广泛使用，在饮用水和环境样品中应用，面临的问题是样品量太大。

7.4.10　微悬臂梁系统

VeriScan™ 3000 系统由Protiveris公司（位于Rockville，MD）生产，使用从Oak Ridge国家实验室许可的技术。通过一个叫作微电子机械系统（以下简称MEMS）芯片的专利技术，以及一个专利的激光读取技术、微流体技术和高级客户分析软件，这个台式系统能同时执行64个化验。该生物芯片有微悬臂阵列，能检测蛋白质、抗体、抗原和DNA之间的相互反应。本系统需要标记和放大，在绑定反应发生时就能传送数据。和传统的ELISA化验相比，它的低检出限是0.2ng/mL。和其他微芯片平台上检测微生物一样，在本技术应用于饮用水检测时，必须减少体积并浓缩细胞。

VeriScan™ 3000 System (Protiveris)

7.4.11　发光生物芯片

IatroQuest公司（位于Verdun，Canada）的Bio-Alloy™生物芯片是以硅为基础的半导体材料，使用纳米结构和化学改良能绑定大量分子（包括抗体、酶、核苷酸以及化学物作为识别元素）的芯片。测量原理是基于光激发光反应，当材料被低能量的蓝色LED灯激发时，表面能态发生改变，就释放出光子。在目标污染物和芯片表面识别因子有紧密的绑定关系时，表面能态不稳定的结果就是光激发光响应，被激发的光会增加绿光的强度并能被检测到。能生产不同类型材料，包括芯片、颗粒、微球体等多种最终产品。IatroQuest有一个便携式的产品展示系统，但还没有产品被研发出来。公司从CRTI的反恐怖活动项目中赢得了数百万美元的研发合同。

7.4.12　聚合物微球——味觉芯片

得克萨斯大学的科学家研发了电子味觉芯片，基于一套可以模拟人类味蕾的多聚物微球系统。系统已经授权给LabNow公司，用于商业产品的研发。本传感器阵列技术几乎实时地形成复杂流体的数字详细信息。使用微机械加工、非化学传感体系、感受体的分子工程和部分识别记录技术的组合设备来监测生化污染物（电解质、毒性物质、药品、代谢产物、细菌和血液产品）。味觉芯片可以在几个月内调整用于新的被分析物，因此可以提供定制领域比如饮用水领域的商业化应用。它的分析特征（灵敏度、选择性、检测限、一致性）和许多其他已建立的宏观分析方法相比是比得上或者是更好的。全面研发的雏形设备和商业化微芯片装置已被设计、建造和在很多应用领域（包括国土安全）测试，在国土安全领域，手持设备已经被送到抵御威胁部门做更进一步的测试。

Taste Chip (University of Texas)

7.4.13 分子印迹聚合物

分子印迹聚合物（MIP）是能用于设计检测大范围毒性和一些微生物合成的接受器。MIP和抗体相比，有很大的稳定性，可以抵御极端天气的影响，有更大的敏感范围。该技术正和英国国防部的生物监测系统研发相整合，用于在战争中使用防御生物战争。MIP已经研发的可被分析物包括藻毒素、软骨藻酸、微胱氨酸、真菌毒素、黄曲霉毒素B1和抗毒素A。MIP正非常成功地应用于室内的葡萄糖监测设备诊断糖尿病。多个实验室正在谋求进一步提纯的MIP可以用于CBW的检测。

7.4.14 磁弹性传感器

质量敏感的磁弹性传感器能用于监测抗体-抗原相互作用。然而质量的变化必须通过生物催化沉淀放大。传感平台已被固化了捕获抗体，它能识别目标抗原，然后碱性的磷酸标记抗体被加入来形成抗原-抗体"三明治"复合体。"三明治"复合体的质量被5-溴-4-氯-3-磷酸吲哚二钠水合物（BCIP）沉淀放大。对外部随时间变化的磁场（稳定或者是脉冲）的反应，是带状的磁弹性传感器机械的以特征共振频率颤动。机械振动能通过以下几种方式被检测到：光学方法-反射激光束的振幅的改变，声学方法-使用麦克风和水中听音器或使用临时线圈来检测传感器产生变动的磁性。大肠杆菌、肠毒素和蓖麻毒素能被实验室雏形机监测。目前，实验室样机传感器在不远的将来不会应用于水监测中，但是其低成本使得本技术很有吸引力。

7.5 浓度方法

两份AwwaRF计划2005年出版的研究报告（预警系统中生物试剂的提取方法——工程A和工程B，见附录D），专注于从大体积样品中提取生物污染物质。

AwwaRF编号为#2985的项目，探寻研发大体积生物污染物的提取方法，要求该方法提取时间少于3h，至少有60%~70%回收率；CDC是项目合作方。项目建立在DOD水监测联合服务局的研究之上，该监测项目服务所有的DOD（包括军队、海军、空军、海军陆战队）。项目目标是研发可便携的水监测器，特别是手持的、近实时的、能检测所有对服务对象有害的物质，并不出现假阳性。因为历史上军队都非常关注水的污染，DOD有最集中和最新的关于故意污染水质活动的信息。

AwwaRF编号为#2908项目（见附录D）致力于筛选3~5个不同的为生物污染物质的水浓缩方法。DOD是研发伙伴。AwwaRF表明发布的最后报告将包括特别的协议，即需要签署不公开的合同。

7.5.1　中空纤维超滤

对于许多检测方法一个持续的挑战就是在定性和定量之前需要浓缩污染物。空心纤维超滤是可以同时从大体积水中浓缩病毒、细菌和原生动物的一项技术。本浓缩方法能够在1~2h内把100L饮用水浓缩到250ml。水循环通过一个过滤系统来捕捉特定大小的分子。保留物被进一步细分来检测多种微生物。本方法仍需要移除浓缩的可能干扰特定化验测试，比如PCR的抑制因素。本方法当前由EPA、CDC、军队和南加州大城市饮用水配水系统研发。来自4个水区的在水源水中空纤维技术的研究显示隐孢子卵囊的平均回收率大约为48%。结果比得上Envirochek过滤器，即中空纤维超滤能有效地回收多种地表水中的卵囊。

EPA-NHSRC和Idaho国家实验室（以下简称 INL）有协议研发和生产下一代超滤浓缩（以下简称 UC）原型产品，而之前是由NHSRC和其他利益相关者研发的。UC台式装置浓缩微球，从100L多样的饮用水样到浓缩到250ml（浓缩400倍）需要大约2h。INL希望使用台式UC系统（已被NHSRC测试）能被重新设计和并把组件自动化，这样新的设备能够作为即将商业化或者原型机系统在野外使用。

7.5.2　羟基磷灰石全细胞捕获

羟基磷灰石（HA）全细胞捕获是能够应用于水中微生物污染物富集并用于

检测的技术。对于病原体和非病原有机体，细胞表面的阴离子聚合体的存在能用于捕获革兰氏阳性和阴性的真细菌。羟基磷灰石由磷酸钙构成，可以紧密地和细菌细胞绑定。带正电的HA的颗粒能富集和提纯来自复杂母体（绞细牛肉和牛粪的悬浮液）的细菌已被Berry 和 Siragusa证实。细菌可以被PCR分析方法识别。因为细胞捕获基于的原理是范德瓦尔斯的细菌细胞和HA颗粒之间的静电相互作用原理，和HA颗粒物的吸引力大小是基于特殊细胞的类型。捕获效率从46%的大肠杆菌（*E. coli*）到99%的耶尔森菌（*Yersinia enterocolitica*）变动。

7.5.3　外源凝集素和碳水化合物的亲和力

另外一种能用于捕获微生物细胞的方法是使用外源凝集素，其目标是细菌富有碳水化合物的细胞膜聚合体。碳水化合物片段通常是细胞壁和蛋白质的重要结构成分，和蛋白质相比更少变化，而不易于受外界环境条件影响。因此外源凝集素是一个理想富集方法的候选方法。基于外源凝集素，捕获几种真细菌，大肠杆菌（*E. coli*）和沙门氏细菌（*Salmonella* spp.）已经被证实。和使用外源凝集素吸引类似的微生物捕获方法是使用微生物自己的碳水化合物绑定特性。使用病原体细菌附着在毁坏建筑物内部用于殖民的方法是饱受批评的。很好的碳水化合物绑定到细菌上面的列子是*E. coli*和*S. flexneri*使用的粘连力。对于特定的病毒，比如轮状病毒，通过碳水化合物的必要的宿主细胞辨识技术已经被研发了。外源凝集素和碳水化合物能被选择用于半选择性地富集和提纯用于检测的绑定有机体方法需要思索。

考虑到使用羟磷灰石和外源凝集素/碳水化合物亲和力的挑战，以及HA固化磁性和聚苯乙烯珠子上外源凝集素的困难。感兴趣的微生物污染物捕获效率需要测试来获得。这些方法是否能够富集抑制因素，从而导致它们在检测方面使用很少，也需要进一步测试。

8 预警系统中的放射性污染物检测技术

放射性物质是水中可能的污染物，其可能致癌或者非致癌但对身体有不利影响。联邦水污染控制法案（清洁水法）、安全饮用水法案（SCDWA）和最大污染物水平（以下简称 MCL）专注于水系统的保护，并免受放射物质和其他污染物的损害。放射物MCLS在进水口被测量，不需要常规监测。目前存在 β 射线和光子的发射物（包括 γ 射线）、α 颗粒物、复合的镭226/228，以及铀。这些规则被认为能足够保证长期的饮用水配水系统清洁和安全的水。但是，现在美国把恐怖主义看成一个主要的安全担忧，因此水领域的预防潜在袭击和事故的准备变得越来越重要。HSPDs和2002年公众安全和生物恐怖主义准备和响应法案赋予EPA权力致力于水领域的紧急预防与反应战略。

在故意污染事件当中，实时监测放射性对于立即检测和响应是非常重要的。目前有检测总放射性的测量设备，通过一个给定的放射源能量级别还可以检测特殊类型的放射性。Technical Associates 公司的SSS–33–5FT 饮用水放射安全监测仪和Teledyne Isco，Inc公司（位于Los Angeles，CA）的3710RLS 仪器都是分析总放射性（α、β 和 γ 射线）的设备。这些设备可以给操作者报告水是否被辐射了，但是不能确认特定的污染物。其他能够识别 α、β 和 γ 射线的设备也在本节中会被讨论。本节描述的许多技术成本和主要信息都可以在EPA网页上查到。水和废水安全产品指引说明了用于监测水受辐射的检测设备。该网站的信息是从《多部门辐射调查和现场研究手册》（EPA，2000；由EPA，DOE，DOD，美国核管制委员会等开发出）中选出来的。

EPA 没有核准和推荐以下任何技术。以下的信息来自公司的网站和其宣传资料。

8.1　检测方法的总体介绍

γ 射线辐射能穿透许多物体，能在野外用碘化钠闪烁测量仪测量。另外，由于它们的物理属性，很难有在现场应用的快速检测 α 和 β 射线的检测技术。α 射线辐射是带正电的离子，不能穿透物体，而 β 射线辐射带有适当穿透物体的能力。测量水中的 α 和 β 射线有很多困难，因为这些短射程类型的辐射在到达检测器之前很容易被水封锁和减弱。

因此设备需要放在靠近辐射源的地方，不能有东西阻挡辐射进入检测器。同时，气体流量比列计数器通常评估来自光滑固体表面的 α 和 β 射线。然而，由于水的表面并不平滑，在实验室经常需要大的敏感的液体闪烁计数器，因此在现场测试水中 α 和 β 辐射的量很少用于实践。但是，本章将介绍几款能在现场检测和定量辐射的设备。

设备和方法能在特异性和灵敏度条款下评估。EPA定义的特异性，是指设备能定量或者评估特定类型的辐射和放射性核，并在设计之初就避免了假阳性（比如不被其他辐射和放射性核所干扰）。灵敏度被定义为，在某种置信水平上，能够被测量或者检测的辐射水平或者放射性物质的量，是一种被使用设备或者技术的能力。对于测量 α 和 β 射线的特异性，当被正确的校准和有淬灭效应（全部能量脉冲不能到达光电倍增检测器）补偿的情况下，液体闪烁计数器是非常灵活和精确的。复杂的 β 射线多能光谱能被定量，因为它的能光谱和 β 射线相比要宽 10~100倍。关于灵敏度，闪烁测量仪器对于 α 和 β 发射器是理想合适的，因为其他不同放射类型通过它的脉冲模型很容易地被辨别。

对于测量 γ 射线的特异性，一些闪烁计数器通过其识别 γ 能量范围的能力，进行特定同位素进行早期鉴别。这些闪烁计数器的最小灵敏度是每分钟 200~1000计数（CPM），当转换到数字一体化模式的时候要低一点。一般而言，

这些线上的 γ 辐射检测器仅仅用于处理放射性材料的工厂。

连续在线监测系统能实时监测水，目前有几种仪器可以购买到。这些系统能和报警系统一起安装，有异常辐射测量结果时可报告给操作者。目前有应用于污水的辐射测量器，但还没调整到可用于饮用水。饮用水的采样设备要更常见，有很少的水管理部门在现场安装实时辐射检测仪来保护水和公众健康。

8.2　可用技术

由 Technical Associates 公司（位于 Los Angeles，CA）生产的 SSS–33–5FT 设备是一个实时、在线、连续流通的闪烁检测器，可以监测地表水和废水中的 α 、β 和 γ 辐射。这个检测器可以检测单一类型的辐射，也可以检测所有复合类型的辐射。这个容易校准的设备使用离子交换树脂球和碳过滤器，而不需要液体闪烁器。离子交换树脂从熔化的金属收集离子，然后由 γ 射线检测仪器测量其活性。碳过滤器收集非离子化的弥散射线。粉末的蒽闪烁晶体是辐射最后的检测器。设备可以测量氚的浓度可以到 100 picoCurie/ml，还安装了非正常数据出现时发送报警的系统。所有数据都能用程序以电子表格格式取回。

SSS–33–5FT
(Technical Associates)

Technical Associates 公司生产的 MEDA–5T191 是一个连续监测故意污染或者事件性的 γ 辐射泄漏到水源的设备。设备安装了泵和闪烁计数器。在有辐射污染的情况下，能发出自动快速报警。

MEDA-5T
(Technical Associates)

Teledyne Isco公司（位于 Los Angeles，CA）生产的3710RLS 采样器192，使用3M Empore™雷达磁盘和已知流量的基础上检测放射性核，采样器连续检测水中所有类型的辐射。

Technical Associates公司生产的SSS-33DHC和SSS-33DHC-4193设备用于连续监测和检测地下热流柱和氚泄漏。这些检测器安装在钻的孔上，不被其他核素影响，也不需要液体闪烁器。监测仪器的灵敏度在EPA清洁饮用水水平以下，最低检测限优于FDA饮用水标准（24h平均值为20000 pCi/L）。

3710RLS Sampler
（Teledyne,Isco,Inc.）

Technical Associates公司的SSS-33M8监测仪194是一款实时在线检测水中氚的仪器，不需要液体闪烁器，在没有被其他核素影响的情况下的灵敏度为0.1nanoCurie/ml。在监测反应堆泄漏、地表水氚、实验室或者工厂的废液流方面非常有用。

8.3　潜在的可调整技术

Canberra 公司（位于Meriden，CT）已研发了几个设备能检测液体管路（比如废水）中的辐射，但这些设备没有用于饮用水配水系统。所有Canberra 公司的设备能实时检测流体，使用的是放射学评估显示和控制软件（以下简称RADACS），可以远程在线使用监测仪。

由Canberra公司研发的LEMS600系列LEMS有能力连续评估总的 β 和 γ 辐射。该系列包括LEMS614、LEMS615和LEMS616。检测器装有高辐射和故障报警。LEMS614检测复合的 β 和 γ 辐射，LEMS615检测0~50℃的液体样品中的 γ 辐射。LEMS616与LEMS615相比，包含了一套为高温度液体准备的冷却系统。

Canberra公司的OLM100在线液体监测系统能连续监测液体和气体中的 γ 辐射。它有钳模型和壳模型以适应各种尺寸的管路。设备有增益稳定的闪烁检测器和1E级的安全合格证书。该设备是在线监测设备能外挂在管路外面，这样就不会打断管子里面的流量。它的检测限主要取决于预装程序的低检测限和背景值。

Canberra公司的ILM-100和OLM-100一样，只是前者安装在管路系统里面。OLM系统一般来讲比ILM系统便宜，因为它能夹在管路上面；而ILM系统必须安装在管路里面。两个系统都能安装进入管道（管道尺寸为0.5~16英尺）。但是管路越大成本越高，因为要确认检测器正确地安装在管路中间。

8.4　新兴技术

ClarionSensing Systems公司（位于Indianapolis，IN）已经研发了安装在管路

里的辐射检测器。Gamma Shark™传感器检测水中背景水平以上的 γ 辐射。该设备通过把闪烁管插入水流中以获得更大的暴露表面给辐射。仪器检测裂变记录并把它转换为每分钟的正常单位。Gamma Shark™和水中的背景辐射水平相比较并监测水中辐射的增加量。设备正进入第三方验证程序中，该设备有望比当前可用设备成本更低。Clarion公司的辐射检测仪器可以单独使用，也可以和Sentinal™设备联用来提供网页显示结果。

2000年的DOE出版物显示，Thermo Power Corporation（位于Waltham，MA）正在研发DOE资助项目下的TAM。该设备是一个接近实时的 α 辐射检测器，大约30min可以测1ppb Uranium，5min可以测10ppm Uranium。研发原理是同时在硅二极管检测器原位收集和定量辐射，采用固体半导体计数。检测器和使用离子化室一样，但测量的是因离子辐射导致的能量减少。

PNNL公司（位于Richland，WA）正在研发现场放射性核传感器来检测地表水中的（Tc-99）。该技术使用化学选择性珠在传感器里富集Tc-99，从而提高直接测量的灵敏度和选择性。实验室致力于创造可证实的可逆转的操作，以及有足够灵敏度能够远程操作的设备。

此外，在线实时辐射检测设备将能够在不久后测试 α 辐射。DOE测试了这个设备原型，自从2001年开始Los Alamos国家实验室就开始研发新技术。检测器将有望使用大范围 α 辐射检测技术来监测液体污染物和地表水。监测仪是实时的和免打扰的。

9 预警系统的技术评价

本章提供第3章和第4章所提到的饮用水预警系统各种不同组件的技术评价。这种评价对于公用事业部门和水质管理官员非常重要，可以使它们能给特别情况和系统配备合适的技术。研究者和公用事业部门需要特别理解什么系统是先进的，研究缺口在哪里。假阳性和假阴性在各种各样的设备中都会发生，而且会引起第一个响应者、紧急部门、健康和法律实施官员的巨大关注。设备的性能通过额外的测试和评估后才会更有公信力。此外，不同发展阶段的检测化学和生物污染物的技术也在快速地进步。本报告根据预警的发展水平而分类。根据技术发展水平可以分为以下三类：（1）可用的；（2）潜在可调整的；（3）新兴的。在第3章，已经描述了预警系统应当具有的特点（比如，污染物的检测范围、灵敏度）。在本章，将分析现有的预警系统技术和预警系统应当具有的特点之间的差距。

9.1 技术评价方法

对于EWS技术，科学的技术评估基于专家对下面定性、半定性以及定量信息源的检验和评论。很重要的，要注意到评估没有包括实际上的测试设备和化验方法。其信息来源如下：

- 验证研究
- 政府参与、支持、研发技术的水平
- 现场实验和案例研究
- 其他研究

● 专家观点

9.1.1 验证研究

在2001年被炭疽袭击的过程中，证明手持的化验设备不可靠。这就非常清楚表明了政府有责任去验证CBR检测设备的性能。关于CBR检测器的验证、可行性、概念证据以及特别关注于水中使用的研究正在政府部门和私有机构中展开。他们是美国军队Edgewood化学生物中心、DOD化学和生物防御项目测试和评估执行局的水监测测试方法和设备研发项目、EPA水设施管理部门以及其他合作方。以下是评估的特别工作。

● EPA的ETV评估了各种各样的技术，包括化学、生物和放射性污染物传感器。

● EPA的TTEP测试了在国土安全应用领域技术的性能。

● 国家技术联合会，通过化学、生物和辐射技术联合会，仔细检查和报告了水监测领域的新技术的发展水平。

● 一些地方水公用事业部门，包括匹兹堡水和下水道管理局已经组织了验证测试。

● AwwaRF有很多的评估项目来处理EWS，但是大多数都在进行中，本评估并不包括它们。

挑战就是，仅仅有很少一部分设施能用真的化学和生物制剂来测试这些设备。

9.1.2 政府参与、支持和研发技术的水平

政府和工业界已经资助了水监测技术以及验证它们性能的研究。这些研究可以被认为是技术的潜在发展的指示。赞助机构包括DHS、EPA、美国军队ECBC、FDA和CDC。比如，ECBC有个在研项目，其目标包括"为暴露BW试剂研发NOVEL DNA探针""BW检测的PCR化验最优化""BW检测器的验证""以酶为基础的CW传感器研发"。FDA正审查几项确认微生物污染物的技术，大多数和食物有关，但有些可以应用在水领域。比如，在2003年9月FDA授

予五项研究许可：（1）Yersinia pestis的波导免疫测定新技术；（2）快速免疫测试银放大测试系统；（3）使用新的、紧凑的微芯片传感系统用于食物快速筛查；（4）基于PCR化验微芯片的新发展；（5）薄层层析法和生物发光法的使用。

9.1.3　现场实验和案例研究

一些在源水和食品工业中广泛使用的技术也可以用于饮用水。一些公用事业部门正使用这些技术，从处理过的水中取样，有很少的公用事业部门有在线检测系统。在本报告的编写过程中，有限的现场实验和案例研究正在被仔细检查，这有助于洞察当前使用的技术。同样地，进一步更加细致的案例研究检查将为预警领域的进步产生有价值的信息。

9.1.4　其他研究

有几个研究提供了评估信息。这些信息包括ASCE的白皮书，《设计在线污染物监测系统的临时指引》，CBRTA的报告《水中毒性污染物监测设备技术评估》和各种的AwwaRF研究（见附录D）。

9.1.5　专家观点

专家被各种部门和组织联系，它们包括DHS、USGS、EPA、DOD、各个国家实验室、水协会、公用事业部门和本项目的合同咨询方。

使用以上资源，在EWS的多个操作特点层面（比如数据管理、获取以及安全），多参数水质监测仪器层面、化学传感器、微生物传感器和辐射传感器层面执行技术评估。

9.2　预警系统多种操作特点的评价

本部分描述了EWS和传感器不相关的特点。这些EWS的特点包括实时数据获取和分析，污染物流量预测系统，传感器放置，报警管理，安全设施、通信、响应和决策。

9.2.1　问题和差距

9.2.1.1　实时数据获取和分析

　　SCADA界面对于管理数据和确认污染事件是很重要的。大多数公用事业部门对SCADA系统很熟悉。远程数据获取系统已经商业化，在很多公用事业部门用于基础的水质控制和检测。把SCADA调整应用到管道传感器数据不是一个巨大的挑战。但是仍有数据储存、解读收集到数据等方面的挑战。分析大量数据需要特别训练。有许多这方面的软件，但是许多数据分析的算法没有被验证和展示。数据分析的标准方法并不存在，可能需要向EWS一样被研发。案例研究文献也可以进一步指引数据分析技术的正确应用。

9.2.1.2　污染物流量预测模型系统

　　有几个基础的污染物流量预测系统，但是它们被公共事业部门使用的目的是模拟污染物的移动，而且没有被广泛使用。许多公共事业部门使用模型来追踪氯残留和消毒剂副产物。随着模型进一步被研究者研发，很必要去校准和验证模型，这使模型对于传感器位置、实时污染物流量预测和确认污染物源的位置等方面有用。公用事业部门需要扩展当前的模型使用到故意污染事件中。公用事业部门将需要培训人力去操作扩展模型，或者雇佣合同方来运行预测流量模型。

9.2.1.3　传感器位置

　　传感器的位置涉及成本。位置经常被一些逻辑上的原因，比如位置的安全和方便，容易接入电力和数据传输以最小化风险。尽管当前综合了流量模型和传感器技术的研究是正确的方向。在困难的成本决策之前，这类模型必须要验证。在限制传感器数量的情况下，需要采样指引。

9.2.1.4　报警管理

　　管理报警过程将有助于决定什么时候需要某一适当的响应行动。适当的报警水平将会最小化假阳性和假阴性情况。同时消除假阳性和假阴性是不可能的。

因此，积极的选择是最优化系统来消除假阴性，用某种方法管理不可避免的假阳性可以使得对公共事业部门和社区的不利影响最小化。目前，仅仅一些公共事业部门日常操作中有这方面的经验。面对恐怖袭击EWS，使用水质参数作为第一阶段预警是一个特别的挑战。因为它需要详细水质基线数据，用合理的置信度来设置报警值，这样就不会导致太多的假阳性和假阴性结果。需要更多的示范项目来确信某种合理的报警管理，并进一步指导公共事业部门正确使用这些报警管理。

9.2.1.5   数据安全

目前远程监测产品正在吸收预防安全措施，包括加密。但是，其示范项目不常见。其他数据安全努力的稳定性能被应用于水部门。应该研发公共事业部门安全工作和一般SCADA的连接程序，使得数据安全并适合EWS系统。

9.2.1.6   通信、响应和决策

在EPA响应预案工具箱中已有连接污染物数据分析、决策和响应程序的主要指引原则，而这个指引提供了程序。为水公共事业部门有效率执行该程序的通信设备还没有广泛研发。辅助决策和响应的工具（比如，水污染物信息工具）正在被研发。

9.2.2   结论和建议

许多数据获取软件和硬件已存在。EPA当前建议的采样时间，对于数据获取系统并不是一个主要问题。EWS的SCADA系统的安全性是一个挑战，但当SCADA系统的主要安全问题被公共事业部门处理的时候，就很可能被解决。本部分议题的建议如下：

- 需要对数据分析和解读的方法标准化。ASCE的努力将有助于指引公共事业部门使用这类系统。
- 需要有确认污染物流量模型项目，使得各种大小的公用事业部门能相对容易使用这些模型。

- 需要采样指引，比如在面临很少传感器的情况下如何采样。

- 需要示范项目，来确信某种合理适当的报警管理。USGS项目就是一个水质多参数传感器和报警管理相结合的例子。对于其他有希望的传感器（比如蚌和细菌监测器等额外项目）应该检查报警状态。

- 促进决策者快速有效报警、有效的响应技术应该被研发。

9.3　多参数水质监测仪的评价

传统的饮用水质监测仪器已经实现了捆绑销售。它们现在能远程、连续和实时监测。有几个供应商已经模块化系统，这样公共事业部门就能选择他们想要监测的参数。这些多参数监测仪已经被证实对于未知日常水质是有价值的，最近正被评估作为故意污染事件的第一阶段报警设备。但是，综合来自不同制造商的检测仪器和设备仍然是个问题，因为在硬件、信号触发和传输以及连通性方面有很少的一致性和可交换性。有几个城市已经在他们的饮用水配水系统中使用多参数探针来保证大致水质安全。通常，这些探针放置在容易接近的方便位置。

研发第一阶段 EWS 的重要部分，就是评估传感器对饮用水配水系统正常的操作反应是否能被记录下来。在 WATERS 中心测试目的就是判定传感器是否能识别水质基线，以及传感器是否存在漂移。因此，单个商业化传感器（根据水中预警系统的使用）基础性能特点已被评估。这些仪器测量参数包括 pH、DO、浊度、游离氯、电导率、ORP、TOC 以及离子选择性电极（Cl^-、NO_3^- 和 NH_4^+）。基本结论就是，在正确校正和维护的情况下，电导率、TOC 和游离氯监测仪漂移非常少，因此这些传感器是描述水质正常和安全条件的理想选择。但是也发现游离氯和上面一些水参数会相互干扰。测试仔细检查了传感器能够定量监测的污染物，包括废水、铁氰化钾、马拉息昂和草甘膦在内的污染物被注入系统中。测试结果是，这些传感器只能提供污染物的大致类别指示，比如无机、有机以及需氯的活性成分。

USGS 和 EPA 有一个跨部门研究，即在实际现场站点实施和测试EWS。调查研究团队由新泽西州的USGS、EPA、水公共事业部门的科学家和研究者组成，目的是确认潜在的EWS现场站点，在EPA和USGS努力的基础之上选择传感器，评估饮用水配水系统的水压和水质，决定传感器的位置并收集传感器数据。但是饮用水配水系统中不会被注入污染物。数据将有助于判断传感器工作怎么样、优化传感器位置，研发饮用水配水系统的水质基线特征。

另一个EPA的WATERS测试设施中的研究调查了可现货供应组合传感器对污染物的响应，即发现注入废水、地表水、化学混合物、单个化合物（铁氰化钾、马拉息昂和草甘膦）而产生的传感器测值的变化。调查了使用传感器信息作为袭击的预警系统的可行性。最初的结果是水质传感器对注入的测试材料有响应。传感器监测的参数有氯、游离氯、ORP、电导率、TOC和浊度。当在饮用水配水系统模拟器中注入废水、铁氰化钾、马拉息昂和草甘膦；以及把地表水注入饮用水中的时候，这些参数显示出独特的连续的图像信号变化。传感器系统能够提供快速的水质变化检测主要是因为这些测试材料在一个回路环中。因为这些测试材料独特的物理化学特点，对每一个物质都可以观察到一个特殊传感器响应模式。这暗示传感器系统能为未知的污染提供特征信息，为随后使用更复杂的设备识别污染物起促进作用。通过进一步的优化，传感器系统可作为EWS系统使用。但是，因为测试材料范围很窄，其他类型的污染物和事件需要仔细检查，以在未来检验这个结论。

目前，EPA已经有几个计划致力于仔细检查使用、研发、测试多参数探测仪。EPA和USGS有一个部门间协议，并接纳了新成员Hach公司、PureSense Environmental公司以及YSI公司。该合作计划的目的就是检测设备（比如，多参数探测器）和数据分析软件研发新技术，促进地方水公共部门安装预警系统。多参数探测器包括pH、ORP、电导率、余氯和温度。

另一系列由EPA的WATERS设施执行的测试是为了验证多参数水监测仪在饮用水配水系统中的性能。测试是在EPA–ETV项目的资助下进行的。这些饮用水配水系统用于验证测试的多参数监测仪包含的配件，能用于连接或者是直接插入饮用水配水系统管道中进行连续测试。此类技术能被编程并定期自动采样分析饮用水配水系统中的水，就像首次技术需要技术员手动采样并执行分析。监测仪必须能测量游离氯和至少一个其他的水质参数（比如碱度、pH、DO、ORP、温度、浊度、电导率、氨氮、钙、总碳、氯胺）。多参数水质监测仪正在按照以下参数进行评估：

- 准确性：和标准实验室参考分析结果相比
- 对注入单个污染物的响应：监测管路回路中水化学的变化（测试的污染物包括碳醛三氧化二砷、大肠杆菌细菌和尼古丁）
- 单元间的重现性：两个同时运转监测仪器结果对比
- 易用性：主要操作，数据获取，设置，解除以及维护
- 检出和识别注入污染物（如果可行）：有合适的监测系统测试识别17种污染物

本系列验证测试的监测仪器如下：

- Clarion Systems Sentinal™
- Emerson Model 1055Solu Comp I分析仪
- Man-Tech TitraSip SA（multi-parameter but not online）
- Hach Event Monitor
- Analytical Technology公司C15系列的水质监测模块

有几个制造商正在探索识别标志监测方法。某公司使用多参数连续监测设备，测试了一定数量的潜在污染物用于建立识别标志，可用于检测和试探性的识别。有60种污染物（化学、毒性、生物）被多参数连续监测设备分析和检测。多参数连续监测设备的传感器包括pH、氯、电导率、浊度和TOC。传感器对多种污染物都有响应，但一些被认为在有害浓度的污染物并没有触发这些传感器响应。制造商已研发了实时测值和所期望的基线参数值背离的触发算法来报警。因为公共事业部门通常对水质的变化有经验，对此类系统的假阳性结果的关心一直存在。

2004年11月陆军和Hach公司签订了一个CRADA合约，用以在2004年底完成陆军新的实时水质安全检测响应技术测试。在该合同项下，ECBC、军团工

程师和HACH公司将使用HACH监测设备（GLI International panel，Cl-17，浊度仪、pH、电导率、TOC 监测仪器）安排实时试剂测试，用以检测饮用水配水系统中可能发生的恐怖袭击。ECBC是美国为数不多的能测试真实化学和生物污染物发生的几个场点之一。

表9-1提供了饮用水配水系统中特定水质参数监测仪的评估。表9-2概述了这些监测仪（可用的和潜在可调整的）和EWS系统所应具备的特点的区别。

表9-1 水质参数监测仪评估（来源: EPA，2004a，2004b）

技术单参数传感器	制造商	评估
Six-Cense™ continuous monitor	Dascore	本在线传感器检测溶解氧、游离氯，ORP，pH、电导率、温度。当监测ORP、电导和游离氯时显示基线不稳定
AquaTrend panel	Hach	本在线传感器监测游离氯，ORP、pH、电导率、温度和浊度。对于游离氯的检测，它显示了高的敏感性和稳定性（和ATI公司的和Dascore公司的自由氯传感器相比）。总的来说，本仪器显示了一致的响应，稳定的基线，在研究过程中所有的测量参数都有高敏感性
DataSonde 4a	Hydrolab	本在线传感器监测氨氮、氯，溶解氧、硝酸盐氮ORP、pH、电导率、温度和浊度。在测量ORP时，比其他传感器都表现得好
In-Situ Model Troll 9000	In-Situ	本在线传感器监测溶解氧、ORP、pH、电导率、温度和浊度。在测量ORP时，比其他传感器有较高的故障率
Signet Model 8710	Signet	本在线传感器监测ORP、pH
YSI Model 6000 continuous monitor	YSI	本在线传感器监测氨氮、氯，溶解氧、硝酸盐氮ORP、pH、电导率、温度和浊度。本仪器监测氨氮和硝酸盐氮的基线很稳，监测氯灵敏度高。总的来说，本仪器显示了响应的一致性，稳定的基线，在研究过程中所有的测量参数都有高敏感性
Zero Angle Photon Spectrometer MP-1	Oregon State University	本在线传感器使用光学法测量细菌的荧光、腐殖质的荧光、硝酸盐氮、总荧光的传输和245nmUV的吸收度
STIP-scan	STIP Isco GmbH （德国）	UV/V是一个分光传感器，能够同时测量氮、COD、TOC、光谱吸光系数（SAC254）、总干物质、沉淀物体积、沉淀物体积指数和浊度

表9-2　水质监测仪器和理想的EWS特征对比

产品名称	描述	污染物范围	在线/便携	价格	操作者技能	分析时间	当前是否可用	评估方
Various Specific Conductance probes	单参数水质监测仪器	电导	在线	$1200	低	<5min	可用	EPA WATERS
Various Dissolved Oxygen probes	单参数水质监测仪器	DO	在线	$1600	低	<5min	可用	EPA WATERS
Various Oxidationreduction probes	单参数水质监测仪器	ORP	在线	$1450	低	<5min	可用	EPA WATERS
Various pH probes	单参数水质监测仪器	pH	在线	$1400	低	<5min	可用	EPA WATERS
Various Temperature sensors	单参数水质监测仪器	温度	在线	$1100	低	<5min	可用	EPA WATERS
Various Turbidity monitors	单参数水质监测仪器	浊度	在线	$1100	中	<5min	可用	EPA WATERS
Various Free Chlorine monitor	单参数水质监测仪器	氯	在线	$3000	低	<5min	可用	EPA WATERS
Various Total Organic Carbon monitors	单参数水质监测仪器	TOC	在线	$25000	中	3~15min	可用	EPA WATERS
Hach TOC Process Analyzer	单参数水质监测仪器（TOC浓度）	总有毒化学物质	在线	$30000	低，自动化	3~15min	可用	EPA WATERS
Hach Water Distribution Monitoring Panel	多参数水质监测仪器	总有毒化学物质	在线	$13500	低，自动化	<5min	可用	EPA WATERS
Diascore，Inc.，Six-Cense™ continuous monitor	多参数水质监测仪器	总有毒化学物质	在线	$9700	低，自动化	<5min	可用	EPA WATERS

续表

产品名称	描述	污染物范围	在线/便携	价格	操作者技能	分析时间	当前是否可用	评估方
Emerson Model 1055 Solu Comp II Analyzer	多参数水质监测仪器	总有毒化学物质	在线	未知	低，自动化	< 5min	可用	无
Analytical Technology, Inc.，Series C15 Water Quality Monitoring	多参数水质监测仪器（游离氯）	总有毒化学物质	在线	未知	低，自动化	< 5min	可用	无
Analytical Technology Inc Model A 15/B-2-1	多参数水质监测仪器	总有毒化学物质	在线	$3700	低，自动化	< 5min	可用	EPA WATERS
Clarion Systems' Sentinel	多参数水质监测仪器	总有毒化学物质	在线	未知	低，自动化	< 5min	可用	无
GLI International Model 5500	单参数水质监测仪器（溶解氧）	总有毒化学物质	在线	$3700	低，自动化	< 5min	可用	EPA WATERS
Hydrolab DataSonde 4a	多参数水质监测仪器	总有毒化学物质	在线	$15000	低，自动化	< 5min	可用	EPA WATERS
Hach AquaTrend panel	多参数水质监测仪器	总有毒化学物质	在线	$12800	低，自动化	< 5min	可用	EPA WATERS
In-Situ Model Troll 9000	多参数水质监测仪器	总有毒化学物质	在线	$11200	低，自动化	< 5min	可用	EPA WATERS
Signet Model 8710	多参数水质监测仪器	总有毒化学物质	在线	$830	低，自动化	< 5min	可用	EPA WATERS
YSI Model 6000 continuous monitor	多参数水质监测仪器	总有毒化学物质	在线	$15000	低，自动化	< 5min	可用	EPA WATERS

续表

产品名称	描述	污染物范围	在线/便携	价格	操作者技能	分析时间	当前是否可用	评估方
STIP-scan	多参数水质监测仪器	总有毒化学物质	在线	未知	低，自动化	<5min	潜在可调整	无
Clarion Systems' Sentinel	多参数水质监测仪器	总有毒化学物质	在线	未知	低，自动化	<5min	可用	无

9.3.1　问题和差距

下面的讨论聚焦于在EWS系统中使用多参数水质监测仪器的各种问题和差距。

9.3.1.1　需要基线数据

虽然研究已经证明了使用水质参数波动作为污染事件发生的信号的原理是可行的，但是每个独立的系统都需要数月或者数年的基线数据用来校正报警触发算法。这很可能耗资巨大，需要关注预算。需要被识别和描述日、季节，以及事件相关的水质波动特征，这样它们就不会和污染事件相混淆。但是，具有高度波动特征原水水质系统需要考虑基线噪声。

9.3.1.2　需要污染物特定的识别标志

研究者已经开始研发污染物特定的识别标志，但是有限的污染物仔细检查降低了识别标志唯一性的置信度。污染物的类别也许能被识别，但是大范围的特殊污染物能否识别还没有确定。水质经常性变化可能是误报警的来源（比如，假阳性）。此外生物污染物是否有特殊的识别标志也还未知。

9.3.1.3　需要数据储存和处理

对于连续实时监测仪，其原始数据产生的量对于手工处理电子表格来说太大了。产生这样大量数据的监测仪器需要商业化的软件（设备制造商通常提供）来分析数据。公共事业部门有可能选择把概要数据压缩储存，用于后续的应用。对于本报告（第5~8章）评论的技术和设备，其产生的数据不会出现这样的挑战。但是，公共事业部门应该留意他们的系统如何处理计划中的升级。数据储存和分析方法见第4章。

9.3.1.4　系统成本昂贵

目前公共事业部门财务预算有限，这会限制在线水质监测系统的安装。并不是所有脆弱的公共事业公司能够负担得起已被评估可作为EWS的检测系统。通过竞争和技术进步，检测系统将来有可能降价，从而改进当前的状况。

9.3.1.5　成本决策

当前没有TOC的多参数设备的价格大约为$10000。TOC是一个有价值的测量参数，每台仪器价格在$18000~$29000。研究者要考虑到把这个技术应用到EWS的成本效益是否合算。一个有10个微探针监测仪器（没有TOC）加上SCADA系统大约要$150000，每年的运维成本为$60000。

表9–3 提供了多参数水质监测仪的能力、问题和差距的概要信息。

表9–3　作为EWS的水质监测仪器

能力	问题和差距
对于水质参数通常稳定和精确 水公共事业部门进行的培训和维护需要经过仔细考虑和合理的 已经展示了识别某些化学污染物的能力 许多公司都有许多多参数监测仪器 有很少的公共事业部门已经有在饮用水配水系统中使用的经验 对系统重大意义的测试正在进行当中，会进一步提升作为EWS组件使用的价值 通常不限价 参数的选择将决定有效性 EPA，WATERS实验室的测试结果显示，游离氯传感器对污染物有最好的响应	需要经常的水质波动基线数据 需要污染物的特殊标志 需要大型数据储存和处理 系统的安装和运行可能很贵，主要有赖于所选择的参数 系统还没有被证实可用于化学武器监测，但将来会计划 容易放置，在基于风险评估的基础上的选址会比较有挑战（空间的约束和保护设备） 正常或非正常的水质波动和水源混合物会干扰位置的设置

9.3.2 结论和建议

鉴于多参数技术当前的发展阶段，以及基于EPA的初步测试，在饮用水配水系统中监测的多个参数是稳定的，它们是氯（ISE）、电导率、浊度、游离氯和ORP。TOC显得非常有帮助，但是太贵了。传感器探针和检测系统被制造商研发。这些探针包括游离和总氯、pH、温度、电导率、氯、硝酸盐、浊度和ORP，每个探针的成本从几百美元到几千美元。

使用多参数技术，有一些初步的证明暗示这样一个系统能够检测系统里的异常。但是，关注误报警和系统是否能够提供恐怖分子故意污染的确定信息，也是有道理的。仅仅收集基线数据不贵。目前，这些技术需要被证明有能力检测生物污染物或者是危险化学品，或者是研发现场表现性能记录（比如，它如何和生物膜自然反应）。在推荐大范围使用之前，需要进一步的测试，尤其是现场测试（比如，在使用氯消毒的系统还没有测试过）。2006—2007年的New Jersey的USGS、EPA和水公共事业部门全方位的测试，可能有助于关注假阳性以及系统是否能够在水质正常波动的情况下运行。

Hach和其他公司研发的用于识别污染物或者污染物类别的识别标志很难被独立的评估或者是验证，因为他们的方法和算法被知识产权法保护，不对研究团体开放。使用这些方法的额外测试正在进行，它们的性能也被确认，只有很少的理由来谨慎使用这些识别标示方法。用于检测和识别污染物的水质参数的检查仍然被EPA、USGS、军队和其他组织评估。然而，带有这些多参数组件的全面EWS的现场范围测试还没有被提上日程。这就增加了建议使用这些水质参数EWS的谨慎性。

9.4　化学传感器的评价

检测空气或蒸汽中的化学和有毒物质的在线连续传感器和手持传感器在9·11之前都出现在市场上并使用。在恐怖袭击的脆弱点被识别之后，潜在的CBW传感器使用者群体极大地膨胀了。研究者和部分公司正快速研发技术和产品来满足这些大量最终用户的需要。

- 微芯片和微流技术通过把传统方法（比如，GC）小型化来推动传感器领域的进步，就像设计新方法一样。
- 便携在线气相色谱是可以获取的，并被已被再线使用。GC能够可靠地识别大范围的VOCs。有几个便携GC已经在EPA的ETV项目中被测试了。在线GC已经有被用于饮用水配水系统的案例。
- 利用细菌成套用品来检测毒性已经被研发用于饮用水。有几个成套用品在ETV项目下被验证了。
- 水蚤、蚌类、水藻和鱼已经成为毒性传感器的一部分，并应用于工业废水和原水。但是，只有基于蚌类和鱼类的系统才用于被氯处理过的饮用水。
- 便携红外光谱、离子移动光谱、表面声波光谱、多聚物化学传感技术已经成为便携式设备的一部分，能够被第一个使用者用来识别各种各样的有毒化学物。
- 使用传感材料涂层的光纤的连续复杂传感器用于水和空气。

EPA的ETV项目已经调查了一定数量对化学污染物敏感的传感器。很少公用事业公司在饮用水配水系统中使用生物传感器采样的经验。还有一些公用事业公司有在饮用水配水系统中使用便携式GC的经验。

下面评估特殊污染物监测设备，从三氧化二砷和氰化物检测仪器开始，随后是其他特殊检测系统。表9-4总结了这些化学检测器（可用和潜在可以调整的）和理想的EWS的特点（第3章所描述的）的一些对比。

● 砷传感器

有两种类型的技术可用于商业化测试，这两种技术都被第三方的EPA的ETV项目验证过了。第一类技术包括一个显色反应套装（三个制造商被评估），第二类技术是使用阳极溶出伏安法（ASV，两个制造商被评估）。Industrial Test Systems（位于ROCK HILL.SC）公司制造砷监测仪显示低和高水平的干扰不会影响对砷的检测。只有很低的假阳性率被报道，但是有假阴性率变动的被报道。ETV测试记录下的误差原因就是，当样品的浓度超过了最佳的检测范围，和结果相关的准确度和精密度就减少了。因为在现场环境下进行精密的稀释是非常困难的。AS75砷测试套件由Peters Engineering（位于Austria）公司制造，高低浓度的干扰物都不会影响砷的检测。报道的假阳性和假阴性率很低。ETV的测试者发现一个问题就是，仪器所用的试剂片需要1.5h才能溶解。

As-Top水测试套件由Envitop公司（位于Oulu，Finland）提供，表明干扰物不会干扰砷的测试。操作者的技能水平是影响该设备测试结果的重要因素。没有技能的操作者对任何样品（甚至样品的砷浓度超过了90ppb）可能都检测不到砷。在同一浓度，虽然参考方法也很少能测量到砷，但有技能的操作者经常能够检测到砷。ETV的测试者注意到指示器的颜色和对色卡上的颜色并不非常一致。

Monitoring Technologies International Pty公司的（位于Perth，Australia）提供的PDV 6000便携式仪器是采用阳极溶出伏安法（ASV）测量水中的砷。ETV的测试者注意到，操作手册中关于分析水的说明很难遵守，这表示操作者对PDV 6000仪器和软件的经验水平多半会影响结果的可靠性。低和高的干扰物（铁或者是硫化物）会对砷的检测有不利影响。

表9-4 化学传感器和理想的EWS特征对比

产品	描述	污染物范围	在线/便携	成本	操作技能	分析时间	灵敏度	目前可用	验证
砷检测设备	显色反应或者阳极溶出伏安法	砷	便携	$100~$350 (显色反应); $8000 (ASV)	低 (显色反应); 高 (ASV)	15~60 min	< 10 ppb	可用	EPA-ETV
氧化物检测设备	色度计或者离子选择性电极	游离氯氧化物	便携	$500-$1500	低 (色度计) 中 (离子选择性电极)	15~30 min	< 0.1 mg/L	可用	EPA-ETV
INFICON Scentograph CMS500	自动气象色谱	VOC	在线	无	低	30~60 min	ppb	可用	无
INFICON Scentograph CMS200	气象色谱	VOC	便携	无	高	30~60 min	ppb	可用	无
INFICON HAPSITE	气象色谱质谱分光仪	VOC	便携	$75~$5000	高	30~60 min	ppb	可用	EPA-ETV, AwwaRF
Constellation Technology Corp CT-1128	气象色谱质谱分光仪	VOC	便携	无	高	无	ppb	可用	无
Severn Trent Field Enzyme Test	快速酶抑制	杀虫剂 神经毒剂	便携	无	低	5 min	ppb	可用	AwwaRF

续表

产品	描述	污染物范围	在线/便携	成本	操作技能	分析时间	灵敏度	目前可用	验证
Severn Trent Eclox™	酶抑制剂	化学药品和生物毒素	便携	$7900	低	5 min	μg/L~mg/L	可用	EPA-ETV, AwwaRF
Randox Laboratories Aquanox™	酶抑制剂	化学药品和生物毒素	便携	无	低	无	无	可用	无
Lab_Bell Inc. LuminoTox	光合作用酶复合抑制	化学药品和生物毒素	便携	无	中	<15 min	ppb	可用	无
Harvard BioScience, Inc. MitoScan	亚线粒体颗粒抑制剂	化学药品和生物毒素	便携	无	中	30 min	无	可用	无
Check Light LTD ToxScreen-II Rapid Toxicity Test	生物监测器（细菌）	毒素：碳酸，秒水碱，氰化物、白治磷、硫酸铊、肉毒杆菌、菌麻毒校曼、甲流磷酸丙胺乙酯	便携	试剂包$300; 系统$2895	低	30 min	<ppm	可用	EPA-ETV
Hidex Oy BioTox Flash™	生物监测器（细菌）	毒性物质	便携	试剂包$128; 系统$8900	高	5~30 min	无	可用	EPA-ETV
Strategic Diagnostics Inc DeltaTox	生物监测器（细菌）	毒性物质	便携	试剂包$370; 系统$5900	低	5~15 min	100 cfu/ml	可用	EPA-ETV
Strategic Diagnostics Inc MicroTox	生物监测器（细菌）	毒性物质	在线	试剂包$360; 系统$17895	低	15 min	无	可用	EPA-ETV

续表

产品	描述	污染物范围	在线/便携	成本	操作技能	分析时间	灵敏度	目前可用	验证
Hach ToxTrak™ Rapid Toxicity Testing 系统	生物监测器（细菌）	毒性物质	便携	试剂包$380；系统$3950	低	45 min	无	可用	EPA–ETV
InterLab Supply POLYTOX™	生物监测器（细菌）	毒性物质	便携	试剂包$147；系统$1600	低	20 min	无	可用	EPA–ETV
SYSTEM Srl. microMAX–TOX	生物监测器（细菌）	毒性物质	在线	无	无	无	无	可用	无
Delta Consult MusselMonitor	生物监测器（蚌）	毒性物质	在线	$2300	低	20 min	见网站	可用	无
Biological Monitoring Inc. Bio–Sensor	生物监测器（鱼）	毒性物质	在线	无	低	< 1h	无	可用	无
Aqua Survey IQ Toxicity Test™	生物监测器（水蚤）	毒性物质	便携	$2400（初始试剂），$400（维护试剂）	中	75 min	无	潜在可调整	EPA–ETV
bbe moldaenke Daphnia Toximeter	生物监测器（水蚤）	毒性物质	在线	无	低	< 30 min	无	潜在可调整	无
bbe moldaenke Algae Toximeter	生物监测器（水藻）	毒性物质	在线	无	低	无	无	潜在可调整	无
bbe moldaenke Fish Toximeter	生物监测器（斑马鱼）	毒性物质	在线	无	低	< 30 min	无	潜在可调整	无

续表

产品	描述	污染物范围	在线/便携	成本	操作技能	分析时间	灵敏度	目前可用	验证
US Army Center for Environmental Health Research	生物监测器（大阳鱼）	毒性物质	在线	无	无	1 h	无	潜在可调整	无
Lumintox Gulf L.C. Lumintox	生物监测器（沟鞭藻类）	毒性物质	便携	无	低	2~4 h	无	潜在可调整	无
SensIR Technologies HazMatID™	傅里叶红外变换红外衰减全反射光谱	有机、化学、生物污染物	便携	无	低	10 min	化学物质100 ppm	潜在可调整	无
ITN X-Ray fluorescence	—	金属	在线	无	无	无	无	潜在可调整	无
Smiths Detection SABRE 4000	离子迁移光谱	爆炸物、化学武器，有毒化学物质	便携	无	低	<1 min	>5~10 ppb	潜在可调整	无
Cyranose®320	聚合物复合材料化学电阻	气态有毒化学物	便携	无	无	无	无	潜在可调整	无
Cyrano Sciences Nosechip™	聚合物复合材料化学电阻	气态有毒化学物	在线	无	无	无	无	潜在可调整	无

另外一个使用ASV技术的产品是Nano-Band™Explorer，由TraceDetec公司制造（位于Seattle，Washington）。ETV测试者发现the Nano-Band™ Explorer不会被加到样品中的基质干扰物所影响。然而，两个操作者的数据非常不同，在16个样品中，没有技术的操作者都报告没有测到砷。

- **氰化物传感器**

有两种基础技术用于商业化测试氰化物（比色法和固体传感器法），它们都被EPA的ETV项目进行了第三方验证。两种类型技术都用于设计便携式设备在现场测试水中氰化物。由ETV测试的四个便携式比色法设备的共同问题是在很冷的条件下（样品水在4~6℃）会对试剂的表现有负面影响。对于这四个比色方法设备，当致命剂量的氰化物存在时，可以观察到发生激烈快速的颜色变化，而不需要比色计来读数，因此致命剂量的氰化物快速检测是可能的。在使用VVR V-1000多分析物光度计的时候，在有技术和无技术的操作者之间有细微偏差。需要大约17min来分析样品。使用1919 SMART 2色度计的时候，有技术和无技术的操作者不会影响结果。Orbeco-Hellige（位于Farmingdale，NY）公司的Mini-Analyst Model 942-032产品，制造商建议调整水的pH到6~7。因为氢氰酸在pH小于9的时候能被释放，站在安全的角度来说，这种调整是不可取的；特别是如果氰的浓度在致死浓度附近或者致死浓度的时候。虽然设备模型很容易搬到现场，样品准备操作指南也非常清楚，但液体的吡啶试剂有一股令人不愉快的味道，颗粒状的反应试剂药片也很难打开。操作者陈述在分析当中观察混合和等待的不方便。对于有技术的操作者也有轻微的偏差。AQUAfast®IV AQ4000型号的色度计由Thermo Orion（Beverly，MA）生产，有技术和无技术的操作员操作这台仪器对于结果只有非常小的不同。

使用固态传感原件的氰化物电极（Thermo Orion Model 9606）在每次测量前都需要校准和抛光电极。没有测试操作者的误差。带有参考电极R503D的氰化物电极 CN 501离子袖珍测试仪340i（WTW ISE）由WTW Measurement Systems 公司（位于Ft. Myers，FL）生产的操作手册很难理解。在该系统被运行之前需要和WTW公司进行1h的技术咨询。没有评估操作者带来的偏差。

Delta Consult公司的MusselMonitor®

MusselMonitor®检测毒性。使用MusselMonitor®的一个主要问题就是被监测的水（流速快的地表水、地下水）中的食物含量低。有一个自动喂养设备（以下简称 AFD）被研发出来自动连续的通过流通系统给蚌喂养藻类。蚌对氯非常敏感，在水中添加硫代酸盐可以最小化游离氯的影响。作为一种适应的结果，布达佩斯水厂现在成功地应用MusselMonitor®来监测水中的氯。

Severn Trent 服务公司的Eclox™

Eclox™检测化学物质和生物毒物。样品分析简单，耗时5min。可以检测到的污染物浓度可以从μg/L 到mg/L。但结果不是总能重复。和相同的检测设备Microtox®相比，被这些设备检测到污染物的值可能因为水类型变化而变化。特别是对于蒸馏水来说，建立一个有现场特点的监测基线是必要的。其他研究显示，无氯的和氯处理过的水样对光产生非常低的抑制，这表明饮用水中消毒剂副产物不会干扰Eclox™的结果。然而，致命剂量的梭曼和肉毒杆菌会产生假阴性结果。Eclox™容易被运输到现场，也方便在现场操作，会得到和实验室测试一样的结果。

Strategic Diagnostics公司的MicroTox®和DeltaTox®

MicroTox®和DeltaTox®检测化学物质和生物毒素。样品分析难度普通，分析时间需要45min。铜是一个潜在干扰因子。能够检测的污染物级别为μg/L到mg/L，但是结果不能总是重现。和类似的Eclox™的相比，这些设备测量的实际污染物的值根据不同水的类型而变化，特别是蒸馏水。有必要给每个站点建立基线。在另外的研究中，MicroTox®在测试用氯胺消毒的清洁水的时候有假阳性，但是在测试用氯消毒的清洁水时没有假阳性。当用致命剂量的污染物测试时，有一半的测试结果是假阴性。MicroTox®在实验室中容易操作，不方便携带。对于DeltaTox®，在测试用氯胺消毒的清洁水的时候有假阳性，但在测试用氯消毒的清洁水时没有假阳性。在测试致命剂量污染物的时候，有一半测试结果有假阴性。DeltaTox®操作明确，容易被运输。

Checklight公司的Tox Screen Ⅱ

当使用亲有机的缓冲液时，由氯或者氯胺消毒的水的低水平的产光量可能干扰Tox Screen Ⅱ的结果，从而导致假阳性。然而，为了去氯而加硫代硫酸钠的残余也可能导致这些结果。当使用亲有机的缓冲液，只要使用同样的标准样品，采用任意一种消毒过程的水都不会干扰Tox Screen Ⅱ的结果。Tox Screen Ⅱ的操作相对容易，并容易运输到现场。在实验室也会产生类似的结果。

Hach公司的ToxTrak™

用氯消毒的饮用水系统分别在6月和9月进行采样和分析。在6月，客观数量的抑制被记录了，而在9月，同样的样大部分都没有抑制。虽然这些不同的原因并不是十分清楚。但是，事前用氯消毒的水会干扰结果，导致假阳性的风险。经验表明，水样中的铁也会产生假阳性。经验表明，当含有致命剂量污染物的水样被测试时，也会有假阴性的结果。ToxTrak™对于测试者来说容易操作和便于携带。但ToxTrak™实际需要在35℃温度下培养一晚上，这对于现场应用可能是个问题。

Hidex Oy公司的BioTox Flash™

由铜和锌导致的细菌代谢抑制可能会干扰BioTox™的结果。当使用由氯胺消毒的水时会轻微地放大抑制，从而导致假阳性；而当使用氯消毒的水样时有假阴性的风险。BioTox™可便携，但需要平稳的桌面来操作BioTox™。ETV的操作者发现没有操作手册时很难去操作BioTox™，但是一旦确定了正确的程序，操作就非常容易。

Interlab Supply公司的POLYTOX™

在没有和被测水样相似的基线水样模型的情况下，就有一个需要注意的风险，即POLYTOX™分析氯胺消毒的清洁水样时，产生的有机体呼吸抑制足够产生假阳性的结果。而在以氯消毒的清洁水中抑制很低，不会产生假阳性结果。当暴露在致死剂量污染物的时候，只有一半的测试结果是假阴性。POLYTOX™可以便携，ETV的测试者操作仪器没有困难。

Severn Trent Services公司的Pesticide/Nerve Agent

Pesticide/Nerve Agent是一个快速酶测试仪器能测试杀虫剂和神经毒剂。样品分析可在5min内完成，操作简单。使用浓缩或者非浓缩水样来测试都很简单。

INFICON公司的HAPSITE®

HAPSITE®是一个可现场使用的GC-MS来检测VOCs，用以发现毒性物质和化学武器。最近添加的"原位探针"吹扫-捕集采样设备能分析水样。设备的GC部分能检测分子量在45~300种的挥发性物质，仪器的MS部分能识别有170 000种有机化合物的图库中的化合物。样品分析需要60min，但是操作很难。该系统已经被安装在饮用水配水系统中，并可以作为案例研究。

9.4.1　问题和差距

本部分内容重点关注在饮用水中使用化学预警监测设备的各种问题和差距。

●一些可用的技术成本很高

比如在线便携的GC-MS很贵，价格在$75000~$95000。

●现场配套套件不是最优

EPA的ETV项目测试的细菌监测器的配套套件有高的假阳（阴）性率。配套套件的缺点通常是试剂不稳定。试剂通常需要重建（如果它们是冻干试剂），或者需要反应组分的仔细测试来构成一个新的反应混合物。配件套件变化可归因于使用者，因为对于使用者来说，用连续一致方法混合和移液是困难的。这需要经培训的人员并建立需求，比如培养对数增殖的细菌。其结果不会提供毒性物质的特殊识别信息。尽管这些配套套件对识别毒性物质的存在是适合的。毒性物质的识别需要使用进一步的方法。

●一些检测方法面临来自残留氯的挑战

基于生物体的生物传感器对饮用水中的残留氯很敏感。虽然Bio-Sensor®

和MosselMonitor®会移除氯，完全可用的氯移除方法还没有被研发出来。虽然Checklight公司正研发一个系统移除氯，其他生物传感器对移除氯的影响还没有被研究。

• 许多技术还没有调整到水中使用

便携的红外光谱、离子迁移光谱、表面声波、多聚物化合物化学电阻技术正在不断地寻求在空气和气态方面的应用，但还没有研发的设备用于饮用水监测。这些技术有可能调整到水方面使用，前提是公司的市场研究表明水方面的应用是个潜在的市场。

表9-5提供了化学传感器技术和方法的能力、问题和差距概要介绍。

表9-5   化学传感技术和方法

方法	性能	问题和差距
砷和氰化物探测器	• 已建立的砷和氰化物监测器 • 可靠 • ETV报告可用	• 一次只能识别一个参数 • 某一方法有各种问题，比如稳定性
GC	• 和检测VOCS • 在线检测饮用水	• 贵 • 没有在饮用水领域广泛使用
酶抑制	• 监测化学物质（酚类、胺、重金属） • 检测对胆碱酯酶有毒的物质（神经毒剂和杀虫剂） • 可便携	• 需要混合和移液 • 残留氯会干扰（假阳性的来源）
细菌生物监测器	• 检测对细菌有毒的物质 • 可便携 • ETV报告可用 • 可对地表水在线监测	• 需要混合和移液 • 假阳性和假阴性率高（ETV报告） • 残留氯会干扰
蚤、鱼、藻生物监测器	• 检测对有蚤、鱼、藻有毒的物质 • 可在线监测原水和饮用水	• 残留氯会对活着的有机体有有害的影响
蚌和鱼生物监测器	• 检测蚌和鱼有毒的物质 • 有在线系统 • 在一个饮用水配水系统中使用	• 在饮用水没有被证实 • 没有第三方验证
真核细胞核组织生物监测器	• 可潜在的检测对人类细胞有害的物质	• 新兴的技术，没有商业化产品

续表

方法	性能	问题和差距
基于光纤的传感器	• 检测有毒化学物质 • 被设计用于在线监测饮用水配水系统中的水	• 新兴技术 • 大多数先进的产品用于空气
红外线	• 识别大范围的物质 • 可便携	• 水基质的干扰需要使用萃取方法 • 没被识别的物质必须被富集
离子迁移	• 检测大范围的混合物（爆炸物、化学武器、工业毒性化学物、麻醉物质） • 可便携	• 贵 • 研发用于气态传感，对于水需要附属设备
基于表面声波的传感器	• 检测VOCS，爆炸物、毒品、化学武器 • 对于地表水可在线监测	• MEMS-SAW是一种新兴技术 • 在水中的应用将落后于空气中的应用
微芯片化学电阻	• 检测大范围的挥发性化合物 • 可便携	• 研发用于气态传感，用于水中需要额外的设备

9.4.2　结论和建议

便携的技术（比如，GC）可用于分析许多可能的化学污染物。基于微芯片技术（比如，鼻子芯片）的领域将作为高技术设备继续被改进。某些生物传感器是便携的并能用于现场评估。对于这类分析仪，氯必须首先被移除。便利和稳定的技术是特殊的探测器，比如砷和氰化物探测器能够有效地应对小范围的污染物。在线技术成本效率不合算，也并不合理可得。GC和离子迁移有成本和技术挑战。在饮用水配水系统中使用高技术GC的经验被认为是成本效率不划算的，因此不会被涵盖饮用水配水系统。

如果氯和氯胺残留的干扰问题能被解决，某些生物传感器就是有前途的。比如，蚌类监测器最近被展示用于欧洲的饮用水监测中，也有很多尝试使其他监测器（MicroTox® and ToxScreen®）调整到用于饮用水监测。对于EPA-ETV验证项目，蚌监测器是一个很好的候选设备，或许可以用于实验室或者是现场研究，用于饮用水监测或者CBR的代用品试剂。未来3年，本领域会在成本有效和可靠的设备方面有进一步的发展。几个新的技术（比如微芯片）会革命性地改变饮用水化学检测领域。

9.5 微生物传感器评价

快速微生物监测技术没有像化学检测技术那么先进。但是，最近几十年分子生物学、基因和微流体技术的发展刺激了研究者的想象力，这直接导致了第一代微生物检测设备的诞生。有许多技术已经有了实验室原型机，并正在研发商业化产品。

- 免疫测定的几种形式包括：测试条、柱和光纤相联合、微球体和量子点相联合，然后和一系列的微芯片技术相结合。用基于抗体的技术实现对特殊污染物的识别。
- ATP是指示活性细胞存在的主要指示物。有很多小型便携套装检测ATP的设备用于食品工业。也有便携套装测试水样。
- 便携快速（小于30分钟）的PCR是现实的技术，在市面上有四种系统可选。
- 光散射技术用于测量浊度有很久的历史了，现在被调整用于测量水中的微生物细胞。
- 使用微芯片（微阵列）的技术正在被不断研发。长期看来，在饮用水应用领域中，这些技术的发展会提供一些可能的选择。

ECBC组织研究用生物和化学防卫传感器整合检测系统。它已经组织了很多研究，包括一些能监测水中污染物的研究。2002年3月，ECBC发布了《生物监测评估》（ECBC，2002）。报告评估了几个包括基于免疫和核酸技术的生物监测设备。这些设备包括了Bio-HAZ™，FACSCount，Luminex 100，ANALYTE 2000，BioDetector，Hand-Held Assays，ORIGEN Analyzer，Tetracore Tickets，Cepheid Smart Cycler®和Rapid System。ANALYTE 2000已经被公司的新技术RAPTOR™所替代。现在ORIGEN Analyzer技术已经被进一步研发的BioVeris技术所替代。评估标准包括便携性、可靠性、分析时间、检测类别、可行性，对细菌、毒性物质和病毒的灵敏度、易用性、样品处理率以及价格。使用定量测量和专家的介入来评估方法。Hand-Held Assays，Tetracore和New Horizon（本报告中指Smart™ Tickets）

在所有基于免疫的设备中获得了最高分。PCR被认为有特异性和敏感性并倾向于没有假阳性。Idaho Technologies公司的RAPID也获得了高分。冻干的PCR试剂已经可以获得，测试系统在电池驱动下使用，并能通过网络连接传输数据到远程站点并协助响应。ECBC也有一个项目（早期卫士生物传感系统项目）来筛查和检查验证28种快速检测技术的性能。

下面提供对特殊微生物检测器的评估。表9-6总结了微生物检测器（可用的和潜在可调整的）和理想EWS（第3章）的差距。

Tetracore（位于Gaithersburg，MD）公司的BTA 测试条

BTA 测试条通过快速免疫测试来检测病原体。在评估研究中，发现对于病原细菌的检测限达到105CFU/ml。在筛选严重危险时有用，但较差的敏感性限制了它们在低污染物浓度的水中使用。其分析简单，需时15min。EPA为炭疽、肉毒杆菌和蓖麻毒素组织了第二次评估。炭疽测试条在测试Florida和 New York的饮用水样时产生一个假阳性结果。在水样中有Ca、Mg离子的时候会产生假阴性结果，在测试浓缩的Florida和 New York的饮用水的时候也会产生假阴性结果。测试条不能检测105CFU/ml浓度的孢子（虽然供应商声称能检测到），只有是该浓度100~1000倍的时候才能检测到。对于肉毒杆菌测试条，在腐败酸、棕黄酸和脂多糖的存在下可产生假阳性。肉毒杆菌测试条没有假阴性测试结果。在供应商表明的和0.1 mg/L浓度相近的两种类型的毒性物质都被检测到了。对于蓖麻毒素测试条，假阳性结果在Florida饮用水检测中出现，假阴性结果在New York饮用水检测中出现。测试条检测到浓度如仪器供应商所描述的一样为0.035 mg/L。所有类型的BTA测试条一致性将近100%。

在第三个评估研究中，BTA Tetracore Tickets能识别8个污染物中的4个。许多BTA的试剂已经商业化，或者是可以通过政府取得，并不会产生假阳性和假阴性。此外，因为使用容易而不容易出错，只需要小于30min设置设备和分析样品，因此在评估中，Tetracore获得了所有基于免疫反应的设备的最高分之一（ECBC，2002）。

表9-6　微生物传感器和理想的EWS特点的对比

产品	描述	污染物范围	在线/便携	成本	操作技能	分析时间	灵敏度	目前可用	验证
Tetracore Bio Threat Alert（BTA）	抗体侧向层析法	生物制剂，包括炭疽、肉毒干毒素、葡萄毒素	便携	$625（25个测试条）$4000（测试条读取器）	低	15 min	炭疽 10^6 spores/mL;肤蝇幼虫0.02mg/L葡萄菌素0.0075mg/L	可用	AwwaRF, ETV, ECBC
New Horizons Diagnostics SMART™ Tickets	抗体侧向层析法	生物制剂，包括炭疽、肉毒干毒素、葡萄毒素	便携	$15~20每测试条	低	<30 min	细菌 10^5CFU/ml;生物体毒素 50ppb	可用	AwwaRF
EAI Corporation Bio-HAZ™（with SMART™ tickets）	抗体侧向层析法	生物制剂，包括炭疽、肉毒干毒素、葡萄毒素	便携	$20000	低	7~12 min	细菌 10^5CFU/ml;生物体毒素 50ppb	可用	ECBC
Research International RAPTOR™	抗体荧光法	生物制剂，毒性物质、化学污染物	便携	$50000	中	15 min	炭疽 < 1.0 ng/mL	潜在可调整	无
Response Biomedical Corp Test Cartridges	抗体侧向层析法	生物制剂，包括炭疽、肉毒干毒素、葡萄毒素	便携	$10000（25个测试盒和读取器）	低	15 min	炭疽 10^7 spores/ml;肤蝇幼虫2mg/L;葡萄毒素 1mg/L	可用	EPA-ETV
ADVNT BADD Test Strips	抗体侧向层析法	生物制剂，包括炭疽、肉毒干毒素、葡萄毒素	便携	$250（10个测试条）	低	15 min	炭疽 10^7 spores/mL;肤蝇幼虫>5mg/L葡萄毒素.20mg/L	可用	EPA-ETV
LLNL Autonomous Pathogen Detection System using Luminex Corporation's XMAP®	带有生物捕获分子的微球	生物污染物	实验室/在线	无	高	无	无	潜在可调整	无
BioDetect Microcyte Aqua®	流量血细胞计数器	细胞	便携	无	无	无	无	无	无

续表

产品	描述	污染物范围	在线/便携	成本	操作技能	分析时间	灵敏度	目前可用	验证
Brightwell Technologies Micro-Flow Imaging	数字成像颗粒物计数器	颗粒物和细胞	在线	无	无	1 min	颗粒物尺寸>2 μm	可用	无
AMSALite™ Antimicrobial Specialists and Associates	荧光	ATP	便携	$2000	低	<10 min	无	可用	无
WaterGiene™ Charm Sciences, Inc	荧光	ATP	便携	无	低	<10 min	100 CFU/ml	可用	无
Continuous Flow ATP Detector BioTrace International	荧光	ATP	在线	$50000	无	1 min	无	可用	无
Celsis-Lumac Landgraaf, the Netherlands	荧光	ATP	便携	无	无	<10 min	无	潜在可调整	无
Profile™-1 (usingFiltravette™) New Horizons Diagnostic Corp	荧光	ATP	便携	无	无	<5 min	无	可用	无
LXT/JMAR BioSentry	散射光	生物污染物	在线	无	低	1 min	低	可用	无
Rustek Ltd	散射光—MALS	生物污染物	在线	无	无	无	无	潜在可调整	无
Idaho Technology RAPID	PCR	生物污染物	便携	$55000	中	30~180 min	1000 CFU/ml	潜在可调整	AwwaRF, ECBC
Smiths Detection Bio-Seeq™	PCR	生物污染物	便携	$25000	中	30 min	1 CFU/样品体积（28 μl）	潜在可调整	无

续表

产品	描述	污染物范围	在线/便携	成本	操作技能	分析时间	灵敏度	目前可用	验证
Invitrogen PathAlert™	PCR	生物污染物	移动实验室	无	高	30 min	104cfu/ml	同上	ETV DoD
Cepheid Hand-Held Nucleic Acid Analyzer (HANAA)	PCR	生物污染物	便携	无	无	<10 min	无	同上	无
Cepheid Smart Cycler? XC	PCR	生物污染物	便携	$46000	中	30~180 min	<30 炭疽孢子	同上	ECBC
Ibis Pharmaceuticals and SAIC T.I.G.E.R.	PCR	生物污染物	便携	无	无	几小时	无	同上	无
Nomadics®Spreeta™ Evaluation Module	表面胞质基因组共振	生物污染物	便携	$695~$9995	无	无	无	同上	无
Georgia Tech BOSS	光纤消散波光谱	生物污染物	便携 在线	无	无	<10 min	无	同上	无
Innovative BioSensors Inc. BioFlash™	基于细胞的生物传感器	生物污染物	便携	无	中	5 min	无	同上	无
BioVeris M1M	ECL	生物	移动实验室	无	高	1 min	无	同上	无

New Horizons Diagnostics （位于Columbia，MD）公司的SMART^{TM} Tickets

SMART^{TM}Tickets通过快速免疫反应检测生物毒性，其检测限为2~50μg/L。分析简单只需要15min；然而，较差的灵敏度限制了它们在低水平污染物水中的应用。SMART^{TM} Tickets已经成为Bio-HAZ^{TM}的一部分。在一个带有New Horizon SMART^{TM} Tickets设备的Bio-HAZ^{TM}仪器的研究中，它能识别所有四种生物制剂（孢子细菌、植物细菌、毒性物质和病毒），还可识别由DOD识别的8类传统生物制剂当中的4类。一些SMART^{TM}Tickets试剂可以商业化取得，或者是通过政府取得。该方法不会产生假阳性或者假阴性。使用容易而不易出错，只需要小于30min设置设备和分析一个样品。在评估中，Tetracore获得了所有基于免疫反应的设备的最高分之一（ECBC，2002）。

Idaho Technology公司的R.A.P.I.D.（先进耐用的病原体识别设备）

R.A.P.I.D使用PCE检测病原体和毒性物质，限度为103CFU/ml。该设备被军队广泛使用，但是其检测能力对于水公共事业部门和被污染饮用水调查者也可能适用。样品准备标准化，配套套件包括阳性和阴性的DNA控制，原始数据解读可自动化。仪器的灵敏度限制了本测试的有效性，分析较难需要90min。在另外一个评估研究中Rapid System识别了8个污染物中的4个，其中一半的试剂是商业化或是从政府获得。不大会产生假阳性和假阴性结果，但因为很难操作，所以容易出错。Rapid System需要大约3h来设置设备和分析一个样品。

Severn Trent Services 公司的Eclox^{TM}

Eclox^{TM}检测化学物质和生物毒性物质。分析样品简单只需5min。能被检测到的污染物浓度范围为μg/L~mg/L，但是结果重现性较差。和相似的检测设备MicroTox®相比，对不同类型的水（尤其是蒸馏水）的污染物的测量范围会变化。有必要对每个站点建立基线。在另外一个研究中，干净有氯胺和氯消毒的水样对光的抑制很低，这表明消毒过程的副产品不会干扰Eclox^{TM}的结果。然而，致命剂量的梭曼和肉毒杆菌毒素时会产生假阴性结果。Eclox™容易运输且可以在现场操作，在实验室也能得到相同的结果（EPA–ETV，2004）。

国防部的手持式检测

手持式检测能识别DOD确认的8种传统生物制剂当中的7种。试剂可以通过商业化或者政府部门获取，从获取的试剂所做测试结果看，很少产生假阳性和假阴性。因为操作简单所以很少出错，只需要少于30min来设置仪器和分析样品。手持式检测在ECBC研究中获得了高分（ECBC，2002）。在另外的研究中，手持式检测被证实很多次检测有传染性的剂量时会有局限。由于环境条件和没有被正确使用的情况下会产生假阳性结果。DOD的结论是手持监测在和其他确定性检测器仪器同时使用是有效的。来自14个联邦部门的另外的一份科学家报告显示，手持式检测既有高假阳性率（3%~83%）也有敏感性方面的问题。

Cepheid公司的 Smart Cycler®

Smart Cycler®能识别DOD确认的8种传统生物制剂当中的4种，但是目前不能商业化或者是从政府那里获取试剂。很少产生假阳性和假阴性结果。因为操作很复杂所以容易出错，需要大约3h来设置仪器和分析一个样品（ECBC，2002）。

光散射

识别小隐孢子（*Cryptosporidium parvum*）卵囊率为11%~45%，假阳性率为0.3%~3%。MALS系统能被使用者调整，高的识别率和高的假阳性率相伴而生。MALS也能够区别不同物理状态的小隐孢子（*Cryptosporidium parvum*）卵囊，包括被臭氧、热处理以及从未处理的卵囊脱囊的状态。MALS的检测限可以用于水污染爆发时的预警工具。对纯净水，估计检测限（ELOD）在1、10和60min内为7、0.7和0.1卵囊/ml。对于饮用水样，ELOD在1、10和60min内为75、7.5和1卵囊/ml。研究结论是MALS技术适合应用于饮用水配水系统监测（Quist等，2004，AwwaRF 项目 #2720，见附录D）。

Response Biomedical Corporation （位于Vancouver，Canada）公司的
RAMP 炭疽检测

RAMP使用带有测试和控制线的层析免疫试验试剂盒。检测器是一个粘有荧光珠的特异抗原抗体。RAMP监测粘在捕获线上的荧光珠的多少。在测试研究中，有三个不会引起疾病的炭疽芽孢杆菌品系和三个不会引起炭疽病的杆菌属品系被测试了。三个不会引起炭疽病的杆菌属品系的检测限为1000~2000个孢子。不会引起炭疽病的杆菌属品没有交叉反应，在有干扰物的情况下也没有假阳性结果。RAMP炭疽检测没有被测试用于水系统。在另外一个由EPA组织的确认测值中，三个类型的测试盒可以用于炭疽、肉毒杆菌毒素和蓖麻毒素。另外一个炭疽测试盒在有干扰的情况下也不会有假阳性和假阴性，设备商表示它不能检测浓度为4×10^5 spores/ml（只能检测该浓度100~1000倍或者更大浓度）。肉毒杆菌毒素测试盒没有假阳性，但不是检测B型，它能检测的A型的最低浓度为2 mg/L，而供应商表示其监测限为0.5 mg/L。蓖麻毒素测试没有假阳性和假阴性结果，能检测的浓度为5 mg/L，而供应商表示其监测限为1 mg/L。所有类型的测试盒测试结果一致性很好。1h可测4个样品。测试盒容易携带，使用简单，只需要对操作者进行简单培训。

ADVNT公司的BADD测试条

有三种测试条可获取用于测试炭疽病毒、肉毒杆菌毒素和蓖麻毒素。炭疽病毒测试条没有假阳性，但是在测量New York的浓缩饮用水时有假阴性。一致性为90%。灵敏度为$4 \times 10^7 \sim 8 \times 10^7$ spores/ml。肉毒杆菌毒素测试条没有归因于干扰物质的假阳性和假阴性结果。但测试条不能重复检测B型毒素，仅仅能检测浓度为5 mg/L的A型毒素。但是设备供应商称2个类型的检测限为0.4 mg/L，一致性为84%。蓖麻毒素测试条产生假阳性，但在饮用水测试中没有归因于干扰物的假阴性结果，一致性为100%，灵敏度为20 mg/L，高于供应商表明的0.4 mg/L的检出水平。测试条可便携，易使用；尽管有时指示线的颜色非常模糊，这增加了假

阴性的风险。等待指示线出现需要15min。样品处理量为每小时10~30个（EPA–ETV，2004）。

Tetracore公司的ELISA

炭疽病毒ELISA的测试会产生归因于腐殖酸和棕黄酸的假阳性结果，没有假阴性结果出现。然而ELISA不能检测供应商声称的2×10^4水平的炭疽病毒，只能测量该浓度100倍以上或者更大浓度水平的样品。A型的最低检测浓度为0.02mg/L，但是对于B型还不清楚。蓖麻ELISA测试显示没有假阳性和假阴性结果，可以检测蓖麻的浓度为0.0075 mg/L，比供应商表明的水平要稍微高一点。ELISA容易携带，但对于未培训的使用者不容易操作。

9.5.1　问题和差距

下面重点描述在饮用水预警中使用微生物检测器的各种问题和差距。

• 检测需要浓缩污染物

许多微生物病原体在低浓度对人体健康有风险。对于大多数使用捕获目标的捆绑检测方法检测低浓是非常困难的。因此有必要浓缩大体积的水样，得到足够的浓度才能检测。2个AwwaRF的研究论文《实时预警监测系统中生物制剂的富集方法——项目A和项目B》可以帮助本问题。

• 浓缩技术也能够浓缩干扰化合物

浓缩目标污染物的技术经常也会浓缩其他非目标的可能干扰生物传感器化验的干扰物质。比如，要成功进行PCR方法分析环境水样，有必要移除诸如腐败酸和棕黄酸之类的干扰物质。

• 抗体交叉反应受反应动力学的制约

抗体可能包裹已知或者未知的和非目标抗原类似的物质。要为每一批甚至每一个单克隆抗体的灵敏度需要进行校准。如果不同的目标分子已经重叠在抗原决定基上，交叉反应就是个问题。应设计特殊唯一抗原决定基的抗体，从而实现较少交叉反应。甚至最好的抗体仅仅能绑定检测，前提是目标抗原被充分的浓缩了；因此，在测试前浓缩饮用水是必要的。

•新兴的和生物工程改造过的微生物能躲过检测

在对捕获分子进行广泛选择时，微生物将会进化，可能失去目标抗原决定基和DNA，这样就可能躲过检测。在捕获分子详细信息被获取的前提下，可以设计出经生物工程改造的病原体以躲过检测器。减少这种问题的唯一技术就是TIGER，由Isis Pharmaceuticals公司研发。因为它整合大量方法（DNA基础合成和PCR）到一个分析当中。

•试剂在现场环境条件下不稳定

包含生物分子的试剂通常在室温条件下几小时内分解或者变得没有活性。即使部分有活性，质量控制也被破坏了。这个问题可以用冻干粉试剂部分解决，现场试剂级别的纯水需要加入反应试液中。芯片上的生物分子的分子稳定性会更难。

•大多数生物检测器技术是为采取的样品准备的，而不是在线的

除了微流成像技术以外，没有商业化的在线监测技术用于检测微生物。有两个散射技术（BioSentry和MALLS）是在线的，只是进行β射线测试，而且还没有商业化。

表9-7提供了微生物传感器技术和方法的性能、问题和差距的概要介绍。

表9-7　微生物传感器技术与方法

方法	性能	问题与差距
测试条（免疫）	•一个测试能检测1~4个抗体 •便携 •几秒钟完成测试 •EPA组织了用于饮用水的研究	•样品需要浓缩 •缺少必要的灵敏度
基于光纤的生物传感器	•能够检测特殊的抗体 •便携 •有很大的潜力用于在线	•对于水是新兴技术
微球体	•能检测特殊的抗体	•对于水是新兴技术 •没有便携的形式

方法	性能	问题与差距
流量血细胞计数和微流成像	• 潜在确认特殊微生物 • 能定量 • 可便携	• 样品需要浓缩
ATP	• 检测细胞组分 • 便携 • 残留氯不是问题	• 不能独立的被确认用于水 • 不能提供微生物的特殊信息
PCR	• 检测特殊的DNA片段 • 便携	• 不是为水的应用而设计 • 样品需要浓缩 • 当前技术水平的检测限还不够
微晶片和微阵列	• 潜在可以识别许多特殊病原体 • 尺寸小适合小型化	• 便携式版本是新兴技术 • 样品需要浓缩

9.5.2　结论和建议

在线微生物技术的研发在多年前就已出现。光散射方法展示了一些希望，但是大多数方法都不适用于连续在线监测和区分微生物。但还是有几个潜在可调整的技术，包括免疫、PCR和ATP，它们对采取的样品进行识别测试。对于饮用水来说，大多数方法的挑战仍然是对样品的浓缩。有几种浓缩方法是有前途的，包括中空纤维，微型泵和PNNL BEADS技术。一般来说，浓缩对部分方法来讲并不是个不可逾越的障碍。但是，对于PCR，目前的技术和浓缩方法仍然没达到可检测的水平。总的来说，没有一个方法能符合快速检测技术的所有需要。因此建议，用类别检测器（比如，多参数探测器或者光散射器）来筛选样品，然后使用免疫设备和其他一种方法联用来识别。基于ATP的技术是有前途的，但是还没有被验证可用于水的在线检测。建议ETV组织一个ATP测试项目。将来，微芯片将有巨大的潜力用于在线测试，但是目前该领域还不够成熟。

9.6　放射性传感器评价

在放射性物质出现事故性泄漏或者出现恐怖袭击时，在其发生的即刻，水系统有能力检测放射性浪涌。此外，确认放射性的类型和来源将对快速响应和恢复工作有极大的帮助。连续在线的实时监测将会快速检测水系统中故意或者是事故性的污染事件。报警系统的使用会帮助报告给恰当的操作者。对于对饮用水配水系统的故意污染，有高度特殊活性（Curies/gram）的，能发射相对高的γ，或者是β和α剂量的，能被获取或者浓缩成高浓度放射性核，是最被关心的污染物。

下面描述的设备适用于测量液体或者水中的γ、β、α射线。能够检测低水平辐射的新技术已经出现。在现场，γ辐射检测器比β、α射线检测器更普通，因为后者的特点使得它们很难被检测。只有很少的辐射检测器用于饮用水的验证研究。下面提供详细信息，表9-8概要介绍了辐射检测器（可用或者潜在可调整的）是如何匹配理想预警系统辐射传感器特点的。

Isco 3710　RLS采样器

由Westinghouse Savannah River公司使用Isco 3710 RLS采样器的研究显示：四个月的现场测试周期的数据收集和非常顺利地以实验室为基础的数据分析处理相比，有非常显著的节约成本和时间的效果。

Thermo Alpha监测仪

Oak Ridge国家实验室已经测试了本设备，证实了可在水中测量1picocurie/L，还分析了同位素U的水平为10ppt的天然U（15 femtocuries/L），还在30min以内检测了20 ppb的自然 U（30 pCi/L）。本设备还在研发当中，需要进一步测试持久性和准确性、交换审核以及EPA的批准。

9.6.1　问题和差距

下面重点描述在饮用水系统中应用辐射检测器作为预警的各种问题和差距。

• 设备和结果易变

根据当地条件比如温度、湿度以及辐射源放射性特征，合适的设备和方法会变化。

表9-8 辐射传感器和理想的EWS特点比较

产品	描述	污染物范围	在线/便携	价格	操作技能	分析时间	灵敏度	当前可用	验证
Technical Associates SSS-33-5FT	连续流经闪烁检测器	γ、β、α射线	在线	$58000	中-高	<5 min	检测氚100 pCurie/ml	可用	无
Technical Associates MEDA 5T	闪烁检测器	γ射线	在线	$25000	中-高	<5 min	无	可用	无
Technical Associates SSS-33DHC and SSS-33DHC-4	无闪烁检测器	氚和羽流监测器	在线	$72000	中-高	<5 min	1 nano Curie/ml	可用	无
Technical Associates SSS-33M8	无闪烁检测器	检测氚	在线	$16500	中-高	<5 min	0.1 nano Curie/ml	可用	无
Teledyne Isco, Inc 3710 RLS Sampler	过滤	所有	在线	$35000~$75000	中-高	<5 min	无	可用	无
GammaShark™	无	γ射线	在线	无	无	<5 min	无	可用	已计划
Canberra LEMS600 Series Liquid Effluent Monitoring	从管外监测液体辐射	γ、β射线	在线	$100000~$150000	中-高	<5 min	无	潜在可调整	无
Canberra OLM100 Online Liquid Monitoring	从管外监测液体辐射	γ射线	在线	$35000~$75000	中-高	<5 min	无	潜在可调整	无
Canberra ILM100	在管里监测液体辐射	γ射线	在线	$35000~$75000	中-高	<5 min	无	潜在可调整	无

•需要专门的技能

在本部分提到的所有设备都需要特别技能安装、设置、日常校准，即使它们的供应商声称是免维护的。

•在线监测成本高

尽管在线监测在水质监测方面效率高，但它们比较昂贵且数量有限。许多用户发现采样会更方便。制造商正在研发和优化小尺度流量闪烁技术的应用。公共事业部门需要和制造商合作为小尺度需求定制监测器。

•有很少的检测器可用或者被验证了

仅仅有几个检测器设计用于监测β、α射线。也仅仅有几个检测器设计用于在线监测γ射线。对用于饮用水的放射性检测器的验证研究没有广泛展开。

•没有调整适用于饮用水配水系统

一些监测仪器可以准备适用于废水而不适用于饮用水配水系统，因为对饮用水的检测需要严格些。废水监测将更多地关注检测事故性泄漏而不是故意污染。

表9-9提供了辐射传感技术的能力、问题和差距的简介。

表9-9　辐射传感器技术

辐射检测	性能	问题和差距
α射线	无	•难以在水中检测
β	•连续在线测量	•难以在水中检测 •典型的是为废水和地下水设计 •在饮用水中使用没有被验证
γ（液体闪烁）	•连续在线测量 •在水中已有灵敏度	•典型的是为废水而不是饮用水设计 •在饮用水中使用没有被验证 •需要特别的经验来设置、操作和维护 •在线监测很贵

9.6.2　结论和建议

已有检测废水放射性的示范技术，但是没有转移或者调整用于饮用水检测。只有几项产品声称能适用于水，有些还是基于人工采样。有几个供应商研发了不少产品，但是否值得使用这些昂贵的产品，对可能受到的威胁进行实时监测还不清楚。已经商业化的几个产品应该被EPA，或者是在辐射方面很专业的国家实验室验证。目前很多产品都能够采样，但是否有某种仪器能触发更详细的分析还不清楚。因此，辐射检测的预警还不成熟，推动这方面研发的市场力量还不强劲。

10 结论和建议

以下是对预警监测系统技术方法方面先进技术综述的结论和建议。首先是主要结论和建议。然后是对预警系统各个组成方面具体结论和建议：数据获取和分析、流程建模、传感器位置、报警管理、决策及响应、多参数水质技术、化学污染的检测、微生物污染的检测、放射性污染物的检测。建议包括短期和长期的知识以及研究差距。

10.1 主要结论和建议

几年前，切实可行、完整、能符合理想特征的预警系统能被常规使用。目前，一些单个系统也逐渐可用，而另外一些需要进一步研发。为饮用水配水系统而设计的预警系统很大程度上还是理论上的，或者还是在初级阶段。大多数数据获取软件和硬件已经存在，但是EWS 的SCADA系统的安全软件还在研发且需要验证。大致的饮用水配水系统模型，特别的污染物预测系统和图形软件相结合的研发正快速进行。但是，大多数公共事业部门还没有用软件来模拟故意污染事件。大多数传感器和预警系统组件还没有被测试或被验证。污染物类型和暴露水平还没有被很好地定义，还不能用于支持选择传感器技术。有几个公司正忙于研究有专利算法触发报警管理方法，但是都处于初级阶段。连接污染物数据分析和决策以及响应已经有大纲了；但是，有效执行程序的设备还没有广泛地研发用于水公共事业部门。需要能检测经过遗传工程改变微生物的方法和技术。另外，所有这些方法需要被验证和能负担得起，而且需要现场能稳定的操作。

• 短期研究需求

（1）预警系统架构及其执行需要进行深入的回溯评价

因为对EWS系统体系结构的基本设计和详细功能检查超过了这项研究的范围之外。后续研究应该在选择、连接和测试各种EWS建议组件优先次序和某些功能上提供全面指导意见。对任何设计上的指导意见都应包括注意小型和大型系统，公共卫生监督和消费者投诉监测。此外，研究应该提供系统性能、报警和响应标准方面的指导意见。

（2）适用于聚焦污染情况的脆弱性评估方法

有各种各样的脆弱性评估方法被公用部门使用。为了发展EWS，污染物的脆弱性程度必须被检查。公共部门是否为污染物的脆弱性进行了特别检查，是否存在方法可以充分评估污染的脆弱性仍然不清楚。这个领域是将来研究的，看如何充分检查公用设施污染的脆弱性，以及这些信息如何被纳入EWS体系结构。

（3）需要EWS研究的国际合作

EPA发现鼓励国际研究和获取在其他国家的发达社区的创新和进步是有用的。

（4）简单取样方式和分析技术应被快速研发

作为完整EWS的一部分——在线检测器很多年前就出现了。然而，通过建立周期性采样，实验室或者是现场分析这样接近实时的监测也可以实现了。

• 长期研究需求

（1）公共部门使用的监测器/传感器/检测器的案例需要研究和分析

一些水公共事业部门已经在现场安装或者测试了EWS组件技术（比如监视器、传感器、检测器），但是经验没有被推广和分享。在饮用水配水系统中使用这些技术而获取的经验，即使这些技术并不是本报告所定义的完整的EWS的一部分，都应该获取。这些案例研究能提供某种技术的能力和缺点的全面信息。应该对公共事业部门现场使用EWS组件的信息和评估案例经验进行进一步的研究。

（2）EWS技术需要经过验证测试

ETV或者是TTEP项目应该测试各种传感器技术，包括样机、ATP产品、蚌生物监测器和在线辐射检测器。

（3）潜在污染物清单应不断地进行复审

与公众健康有关的污染物的类型对于评估EWS的胜任能力是重要的。甄别特殊污染物是一个持续性工作，而且公众不能获知，主要是保密的进行复审。将会有进一步保密努力。有害的需要被EWS系统检测到的污染物类型的甄别研究需要继续进行。

（4）传感器必须测量到的浓度值也应不断地进行复审

另外一个公认的研究领域就是确定必须被EWS检测到的污染物的浓度。

该浓度值由污染物的特性、污染物的暴露路径和量级，暴露给特定污染物人群的脆弱性决定。没有这个浓度值，选择任何一个或者一套用以减少公众风险的设备都是困难的。必须检测到的浓度值必须被持续的研究。同时，还应该研究影响人类健康的特殊浓度的暴露和剂量，还有去除污染物的努力是否足以保护人类的健康。

（5）污染物的衰减和传输（包括暴露水平、剂量和检出限），特别有毒副产物都应该被检测

随着受关注污染物的研究不断发展，某一污染物的有毒副产品的甄别研究也在进行，并模拟这些污染物在真实的饮用水配水系统中的衰减和传输行为。持续、稳定地阻止氯、污染物质在水环境停止扩散是一个重要的衰减和运输因子。本研究领域有助于评估和选择EWS技术。

（6）不同机构实验室对EWS的研究成果应能复制，EWS的研究结论应该由政府机构和公用水利益相关者共享

有很多实验室都致力于研究饮用水配水系统的EWS，这些研究被EPA WATERS中心，美国军队ECBC设施、USGS设施、特种公共事业部门资助或者是

组织。当有可能核实结果时，这些研究努力应该被复制。这些研究努力的信息和其他EWS研究应该由政府部门和水公共事业部门的利益相关者共享。

10.2 具体结论和建议

10.2.1 数据获取和分析

数据收集由SCADA或者是其他自动系统能基本的处理从EWS在线传感器获取的大量数据。现有的数据获取系统没有发现因EPA建议的采样时间（2~10 min，基于SCADA系统的设置和带宽，传感器位置、水的流量）而出现的问题。因为产生的数据很多，自动数据确认程序是必不可少的，以保证数据分析能得到精确的结果。数据通过有线和无线传输到中心数据库，需要简单有效的传输协议来保证精确性和完整性，即通过对比从监测点获取的数据和传感器里面储存的数据来实现。保证EWS的SCADA系统安全的软件仍然还在研究，还需要验证，这也可能被公共事业部门在关注主要安全问题（比如，加密）的时候同时关注。

• 短期研究需求

需要标准化方法和指引来进行数据分析和解释。

进一步研发软件来识别离群检测值的需要是明确的。需要具体化的数据分析算法验证程序，ASCE的一些努力有助于指引公共事业部门使用这类系统（ASCE，2004）。

• 长期研究需求

（1）需要大尺度数据储存和处理的技术和方法

对于连续实时监测器，产生的数据很多。SCADA就像收集数据的汽车。需要新的方法来存储和处理信息用于当前和长期的使用。

（2）应该研发SCADA数据安全程序用于连接现有监测设施，并适应EWS固有的安全特点

当前的远程监测产品正和包括加密在内的安全措施合并。然而，示范工程

并不常有。标准化的其他数据安全努力也能被应用于水中。连接公共事业部门的围绕SCADA的安全工作和适应于EWS的数据安全措施的程序需要被研发。

10.2.2　流量模型

EWS在预测饮用水配水系统中污染物的移动和流量是重要的，不仅仅是预备潜在的污染事件，同时也要提升监测系统的有效性。一般的饮用水配水系统模型，特别是污染物流量预测系统正快速发展。当前的污染物流量模型能整合来自GIS的数据，并通过CAD显示结果。PipelineNet软件（一个整合 EPANET 和 ArcView GIS的软件）和诸如WaterGEMS 和InfoWater的商业整合软件包，提供了评估污染事件影响的直接能力。使用最优化方法的校正和追踪研究已经在饮用水配水系统中越来越多地使用。公共事业部门使用模型的主要目的不是用于模拟故意污染事件。水消费模型也会偶尔被联合使用。公共事业部门正努力验证和发展流量预测模型，这会满足两个方面的需求（水系统的扩大、升级、修理、保养和测试故意污染事件）。目前在美国有几个已经建立的校正标准，虽然AWWA的委员会在1999年已计划一套合理的校准指引，EPA 正准备将包括水力模型校准和验证程序编进饮用水配水系统手册。这些校准指引作为促进因素和起点来推动研发可接受的校准指引和标准。"事故指挥官"水模型工具（ICWater）扩大了先前研发的RiverSpill模型工具在事故指挥官分析和对生化污染物进入地表水水源的快速反应能力。EPA 的TEVA项目混合了大范围污染袭击盖然论框架，用于评估脆弱性和估计最合适的传感器位置。

• 短期研究需求

污染物流量模型需要改良。建议在特别的应用领域为有效的模型研发改良的模型和方法。改良的模型最好包括化学物质的归属和副产物。

• 长期研究需求

流量模型需要验证并用于提高EWS设计。需要项目去验证污染物流量模型，并把这个工具应用于传感器放置、实时污染物流程预测、识别污染源的最可能位置等工作。这些模型需要调整，以便各种大小的公共事业部门都能容易使用。在美国还没有建立起污染物流量模型的校准标准，虽然AWWA的一个委员会建立了一套可能的校准指引（ECAC，1999）。然而这些指引没有被官方接受，也没有进入被批准的程序中。使用这些校准指引是一个促进因素或者是一个起点，这将建议推进研发可接受的校准指引或者是标准。

10.2.3 传感器的位置

因为预算和技术的限制，公共事业部门只能在他们的饮用水配水系统中的传感器部分执行合适的初始化投资，因此公共事业部门想把传感器放在最合适的位置。在没有使用复杂的实验优化技术之前，一般执行第二阶段程序。在第一阶段，传感器可能的位置取决于技术（比如有效的电源，有效的通信）和物理（比如入口）限制。在第二阶段，传感器被放入整个系统的大管道中，从而服务大多数客户。当前综合了流量模型和传感器技术的研究正在开展，但是公共事业部门在困难而又昂贵的决策之前，这些模型必须被验证。

• 短期研究需求

需要保护远程传感器的硬件和材料。在线传感器的典型安装是需要通过管子打断水流采样的。可不打断水流和开凿的前提下的安装新技术也被研发出来了。传感器需要能够耐受严酷的环境和不同的位置。材料和保护硬件的新发展是必要的，传感系统能够安装在开放的环境中（AwwaRF，2002）。

• 长期研究需求

建议研究传感器放置位置参数。需要简单的指引，比如特定传感器个数有限的情况下如何做指引。传感器布点策略应该被研究，通过比较几个模型对传感器放置位置的优化结果来决定。

10.2.4　报警管理

报警管理系统典型的包括两个主要领域：（1）建立用于触发报警的参数，
（2）减少误报警。任何和传感器基线数据相比的异常都会触发报警。建立可靠
的基线数据是很重要的，特别是当水质波动的时候。报警管理系统通常依赖于严
格数据验证协议或者特殊的软件以减少误报警。有几个公司致力于报警管理，但
都是在研究的初级阶段，但常有独家的触发算法。

•长期研究需求

报警管理的方法和技术需要仔细检查，假阳性和假阴性的灵敏度需要被量
化。需要一个示范工程来保证合理的某种报警管理方法。报警灵敏度和潜在的不
利结果（假阳性和假阴性）之间的关系需要定量研究。需要另外的项目来检查其
他有前途的传感器（蚌和细菌监测器）的报警。

10.2.5　决策及响应

连接污染物数据分析和决策响应的程序是EPA的响应协议工具箱的大纲；然
而对于公共事业部门来说需要有效地执行程序的额外工具。

•长期研究需求

需要决策和响应的支持执行技术。辅助决策和响应的工具，比如水污染信
息工具，正在被研发并将帮助填补当前的空白。

10.2.6　多参数水质技术

有正在研究的项目是：多参数水质监测仪器作为一个部分，在饮用水配水
系统EWS的使用。最初的证据表明这类监测仪器能够检测到饮用水配水系统中的
反常现象并提供初始的报警。然而，关心假阳性和系统最后是否能够提供故意污
染的确定性信息也是合理的。收集基线数据是很昂贵的。目前，这些技术需要展
示检测生物污染物和危险化学品以及开发现场记录的现场性能。这些技术还没有

被足够地评估并建议广泛使用；比如在用氯消毒的系统还没有进行测试。然而，USGS、EPA和一个水公共事业部门在2006—2007年的全范围测试中，为关心假阳性和是否系统能在有波动的正常水中使用带来了希望。

对于当前多参数技术的发展阶段，EPA初步测试在饮用水配水系统中有用的参数包括氯（ISE）、电导率、浊度、游离氯和ORP。TOC是非常有用的，但是广泛使用太贵了。设备厂已经研发了探头可以检测游离氯、全氯、pH、温度、电导率和氯、硝酸盐、浊度和ORP。并不是所有的公共事业部门能够负担起可以作为EWS的检测系统。将来，技术进步和竞争会降低价格来弥补这种状况，但是目前，公共事业部门有限的财务资源将面临执行在线水质监测的挑战。

被HACH公司和其他公司研发的识别污染物或者是污染物类别的标签是很难单独确认和理解的，因为他们的方法和算法还没公开。用于检测和识别污染物的水质参数检查仍然由EPA、USGS、军队和其他组织评估。但还是有这些水质参数组件的EWS现场范围的测试。在基于水质参数的EWS的推荐使用上仍有理由保持谨慎。

• 短期研究需求

（1）需要验证基线数据来校准EWS报警触发

虽然使用水质参数波动作为污染事件发生的信号这个理论已经有研究证实了，但是用于校准报警触发的基线数据需要经年累月地收集每个饮用水配水系统的数据。因为这很贵，诸如USGS的研究示范项目需要提高对基线水质数据可能影响现场EWS性能方面的认识。

（2）需要污染物的具体识别标志

关于污染物的具体识别标示的研发已经开始，但是截至目前只有有限的污染物被仔细检查，这降低了识别标示的唯一性。污染物的类别可能被识别，但是，一个能被识别的特定污染物的合适范围还没有被确定。此外，监测仪是否能够检测生物污染物和危险化学品还未明确。大范围的污染物及其浓度，包括实际使用试剂特定的具体识别标志需要进一步研究。

（3）事件算法需要验证

使用何种算法来应对多变真实世界的操作条件和报警条件非常重要。

· 长期研究需求

需要对使用TOC传感器的成本和效益（比如用多参数水质监测仪检测污染物）进行决策，需要研发可负担的起和可靠的TOC传感器。

目前，没有TOC监测项目的多参数设备价格约为$10000。虽然TOC是个值得测量的有价值的参数，但是它的单价在$18000~$29000。研究需要平衡EWS使用本技术的成本效益关系。带有10个微探针的监测仪（不包括TOC）的基础系统连接到SCADA系统，价格为$150000，每年的运行费用约为$60000。当然需要研发项目来降低在线TOC的成本和提高它的稳定性。EWS系统的TOC监测仪不能识别污染物，仅仅能检测TOC的总量为后续的调查提供依据。

10.2.7 化学污染的检测

现场采样并测试许多化学污染物的便携式技术是可行的。本领域将作为基于微芯片技术（比如，味觉芯片）的高技术装备进一步提高。一些稳定可用的特定探头，比如砷和氰化物，对在窄范围的污染物是很有效的。某些可便携的生物监测器也可用于站点评估。在许多这样的分析使用中，水中氯必须被去除。和便携的现场测试技术相比，在线化学检测技术不是合理可用或者是成本效益不划算。GC和离子迁移有成本和技术上的挑战。在氯和氯胺的残余物的干扰问题能被解决的话，一些生物监测器是有希望的。在欧洲，有蚌监测器示范性的用于饮用水的案例。在美国有很多努力致力于其他监测器（MicroTox®和ToxScreen）调整能用于饮用水。MosselMonitor® 和 Bio-Sensor®是EPA-ETV项目的候选技术，用于现场和实验室研究用于饮用水中污染物或者CBR替代物的检测。未来三年，本领域应该在成本效益和可靠度方面有大的进步。一些新的技术（比如微芯片）将会革命性地改变饮用水的化学检测领域。

- 短期研究需求

移除氯和其他残留物对检测精确性的影响应该被检查。基于有机体的生物监测器对饮用水中的残留氯敏感。虽然基于鱼的Bio-Sensor®和MosselMonitor®移除了氯，但是大量的移除氯的应用的方法还没有被研发出来。Checklight公司正在研发移除氯的系统，其他生物监测器的移除氯的影响还没有被证实。

- 长期研究需求

（1）应该研发可靠的现场套件

由EPA的ETV项目测试的细菌监测套件有很高的假阳性和假阴性率。这些套件的通常缺点是试剂的稳定性。通常这些试剂需要重新配置（如果它们是冻干粉），或者反应成分的仔细计量来配置新的反应混合物。使用者不同，所以现场试剂会变化，因为不同的使用者的混合移液行为不会很稳定。它们需要培训过的人员和初始条件，比如培养对数增长期的细菌。其结果不会提供对毒物的识别信息。虽然这些套件对于确认毒性物质的存在是合适的，但是需要使用进一步的方法来识别特殊的毒性物质。

（2）现有的先进检测技术应该被调整到用于EWS

便携的红外光谱、离子迁移光谱、表面声波和多聚物混合物化学电阻技术都被强烈地追求用于空气和蒸汽应用，但是还没有被研发特别用于饮用水监测。如果有一个潜在市场的话，研究应该检查这些技术是否能调整用于水。

10.2.8 微生物污染的检测

研发在线微生物技术已经有些年。光散射方法展现了一些以往大多数方法都不适合的连续在线监测或者微生物分类。但对于使用便携的现场分析仪器通过采样来识别污染物，有几个潜在可调整的方法可以选择，包括免疫、PCR和ATP。这些方法的潜力还没有完全被开发，因而会继续成为新的监测设备和系统的一部分。采样包括固定间隔采样和采混合样（比如，一段时间内不断地采集小体积样品后混合）。在任何采样中，微生物的完整性必须被保证。一些浓缩方法是有希望的，比如中空纤维，微型泵，以及西北太平洋国家实验室的一些其他努力。一般来说，这并不是一些方法不可逾越的障碍。但是，对于PCR来说，当前的在线技术和浓缩方法不足以进化到可以检测威胁公众健康水平的微生物浓度。总的来说，他们自己的方法都不足以提供有效的快速检测。因此，一个推荐的方法是用类别检测器（比如，多参数探头或者光散射）来筛选样品，然后使用一个免疫测试设备串联其他方法来识别污染物。基于ATP的检测器是有希望的，但是还没有被验证可用于水（有一个是在线用于水）。ATP检测产品应该被第三方评估用于EWS应用。未来，微生物芯片有巨大的潜力用于在线测量，但是目前该领域不够成熟。

• 短期研究需求

（1）提取和浓缩技术需要提高

许多微生物病原体在低浓度时对人体健康都有风险。需要检测的足以保护公众健康的病原体浓度是一个政策问题。但是，当前的在线或者是接近连续的检测方法的敏感度不足以检测可能影响人体健康的最低的微生物浓度，这一点是广为人知的。因此，微生物污染物需要被浓缩才能被检测到。对于大多数目标捕获技术使用的测试条来说，检测低浓度是困难的。因此，浓缩大体积的水样来获取足够的可检测的污染物是必要的。两个AwwaRF的研究报告（生物制剂预警系统的浓缩方法：项目A和B）和Idaho国家实验室的研究将有助于解决这个问题。

（2）需要区分浓缩的干扰物和目标化合物的方法

浓缩技术也会浓缩干扰物质。浓缩目标污染物的技术通常也会浓缩其他非目标的污染物，这类物质会干扰生物传感器的测试。比如，为了成功地对环境水体进行PCR分析，就必须移除掉分析干扰物，比如腐殖酸。

（3）需要研发现场稳定的试剂

在现场环境条件下，试剂可能不稳定。包含生物分子的试剂通常在室温的条件下几个小时会变质或者失去活性。即使有部分没有失去活性，但是已经危及质量控制了。这个问题可以通过冻干粉试剂部分解决，但是在现场需要的试剂级别的水来重新配制反应试剂。生物传感器上的生物分子的稳定会更困难。

• 长期研究需求

（1）需要研发有较少交叉反应，适合唯一的抗原决定基的抗体

抗体交叉反应容易受到综合动力学的影响。抗体可能被已知或者未知的和非目标抗原包裹。每一批甚至单克隆的抗体都需要校正它们的敏感度。如果不同的目标分子有重叠的抗原决定基，那么交叉反应就是个问题。设计用于特定唯一的抗原决定基的抗体将减少交叉反应。

（2）需要有能够检测新兴的、进化的、和基因工程改造的微生物的技术和方法

新兴的或者是生物工程改造的微生物有可能逃过检测。甚至捕获分子有大范围的选择性的时候，微生物的进化就可能丢失掉目标抗原决定基或者是DNA，这样就能逃过检测。在获取捕获分子的具体细节后，生物工程改造的病原体就可以设计成可以逃过检测器。现在仅有的能最小化该问题的技术是TIGER。该技术由Isis Pharmaceuticals公司研发，因为它把多样的方法（DNA和PCR）整合进一台设备。

10.2.9　放射性污染物的检测

在检查废水中的辐射领域中已经有示范技术。但是转移或者是调整到饮用水的应用还没有开始。只有几个产品声称能用于水，一些是基于手工采样技术。另外，要通过当地条件，比如温度、湿度或者是放射源的放射性核素的特性来选择合适的设备和方法。几个供应商研发了很多产品，但是使用这些实时在线的昂

贵的产品来监测威胁的价值还不明了。有几款仪器已商业化，但是需要被EPA或者其他的辐射方面的国家实验室验证。很多产品都能采样，是否有类别检测器来触发更详细的分析还不是十分清楚。此外，本研究里面提到的所有辐射检测设备通常需要特别专业的安装、设置和日常校准，即使它们表明是免维护的。因此，辐射检测预警目前还不行，研发的市场驱动力也不强。

10.2.9.1　γ、β、α射线短期研究需求

β、α射线检测器应该被研发和验证用于饮用水监测领域。仅有几个检测器设计用于监测β、α辐射。也仅有几个检测器设计用于在线监测γ射线。用于饮用水辐射恐怖袭击检测设备的相关验证研究看来还没有开始。

10.2.9.2　长期研究需求

（1）需要低成本、在线的辐射检测器

尽管在线分析仪在监测水质方面是有效的，但是它们很贵且数量有限。许多工厂发现手工采样更合适。设备制造商正在研发和精炼小尺度流过闪烁技术。公共事业部门将需要和这些设备制造商合作研究和商业化这些检测仪器以满足小范围需求。

（2）需要研发用于饮用水配水系统的监测仪器

一些仪器更倾向于在废水中使用，而不是在饮用水配水系统中使用，因为饮用水监测要求更高。废水监测更关注检测事故性泄漏而不是故意污染。

参考资料

ACS （2002） American Chemical Society. "PNNL Research: Biodetection Enabling AnalyteDelivery System." Chemical and Engineering News. 80（20）:32–36.

ASCE （2004） Interim Guidelines for Designing an Online Contamination Monitoring System, American Society of Civil Engineers.

Alberts, B; Bray, D; Lewis, J; Raff, M; Roberts, K; Watson, JD. （1994） Molecular Biology of the Cell. Third Edition Garland Publishing Inc. NewYork.

AWWA Workshop （2004） Contamination Monitoring Technologies sponsored by the AmericanWater Works Association, Richmond, VA; May 2004.

AwwaRF （2002） Online Monitoring for Drinking Water Utilities （Project # 2545） Order number 90829. Report prepared by: E. Hargesheimer, O. Conio, and J. Popovicova.

Bahadur, R; Samuels, W; Pickus, J. （2003a） Case Study for a Distribution System Emergency Response Tool. AwwaRF, Denver, Co.

Bahadur, R; Samuels, W; Grayman, W; Amstutz, D; Pickus; J. （2003b） Pipeline Net: A Model for Monitoring Introduced Contaminants in a Distribution System. World Water & Environmental Resources Congress, Environmental & Water Resources Institute – ASCE.

Baxter, CW; Lence, BJ. （2003） A Framework for Risk Analysis in Potable Water Supply. World Water & Environmental Resources Congress, Environmental & Water Resources Institute – ASCE.

Berry, ED; Siragusa, GR. (1999) Integration of hydroxyapatite concentration of bacteria and seminested PCR to enhance detection of Salmonella typhimurium from ground beef and bovine carcasssponge samples. J. Rapid Methods Automation Microbiol. 7:7–23.

Berry, J; Hart, W; Phillips, C; Uber, J. (2004) A General Integer–Programming–Based Framework for Sensor Placement in Municipal Water Networks. World Water & Environmental Resources Congress, Environmental & Water Resources Institute – ASCE.

Black & Veatch (2004) "Water Monitoring Equipment for Toxic Contaminants Technology Assessment" General Dynamics, and Calspan/University of Buffalo Research Center, October 2004.

Bodurow, CC; Campbell, DP; Gottfried, DS; Xu, J; Cobb–Sullivan, JM; Caravati, KC. (2005) Alow–cost, real–time optical sensor for environmental monitoring and homeland security. EPA Science Forum 2005. http://www.epa.gov/sciforum/2005/pdfs/oeiposter/bodurow_catherine.pdf

Bravata, DM; Sundaram, V; McDonald, KM; Smith, WM; Szeto, H; Schleinitz, MD; Owens, DK. (2004) Evaluating detection and diagnostic decision support systems for bioterrorism response.Emerging Infectious Diseases.10 (1) :100–108.

Bunk, S. (2002) Sensing Evil. The Scientist. 16 (15) :13.

Carlson, K; Byer, D; Frazey, J. (2004) : Section 5.2– Candidate Instruments and Observables.Section 5.3. – Models. May, 2004 Draft of Methodology and Characteristics of Water SystemInfrastructure Security.

Cross, H. (1936) Analysis of Flow in Networks of Conduits or Conductors. Univ. of Illinois Eng.Experiment Station Bulletin. Page 286.

DARPA (2004) Chemical and Biological Sensor Standards Study. LTC John

Carrano, Study Chair.

Daviss, B. (2004) A Springboard to Easier Bioassays. The Scientist. 18 (4) :40. March 1, 2004.

Deininger, R; Lee, JY. (2001) Rapid determination of bacteria in drinking water using an ATPassay. Analytical Chemistry and Technology. 5 (4) :185-189.

DSRC Meeting (2004) Distribution System Research Consortium Draft Summary Report. Distribution System Research Consortium Meeting, presentations by Vowinkle, Uber, and McKenna: August 25-26, 2004, Cincinnati, Ohio USEPA.

ECBC (2002) Bio-detector Assessment. ECBC-TR-171, March 2002, Walther, Emanuel and Goode.Edgewood Chemical Biological Center.

Emanuel, P; Chue, C; Kerr, L; Cullin, D. (2003) Validating the Performance of Biological Detection Equipment: the Role of the Federal Government, BioSecurity and Bioterrorism: Biodefense Strategy, Practice and Science.

ECAC (1999) Engineering Computer Applications Committee Calibration Guidelines for Water Distribution System Modeling. Proc. AWWA ImTech Conference, 1999.

EPA (2000) Multi Agency Radiation Survey and Site Investigation Manual. (EPA 402-R-97-016), August, 2000.

EPA (2003) A Review of Emerging Sensor Technologies for Facilitating Long-Term Ground Water Monitoring of Volatile Organic Compounds. (EPA 542-R-03-007.) http://www.epa.gov/tio/download/char/542r03007.pdf

EPA-ETV (2004) U.S. Environmental Protection Agency, Environmental Verification Program.http://www.epa.gov/etv/

EPA (2003/2004) Response Protocol Toolbox: Planning for and Responding to Drinking Water Contamination Threats and Incidents. Modules 1-6. 2003/2004.

EPA（2004） Office of Research and Development, Shaw Environmental, Draft Report Evaluationof Water Quality Sensors in Distribution Systems; May 2004 and EPA, Office of Research and Development, Shaw Environmental, Draft Report: Water Quality Sensor Responses to Chemical and Biological Warfare Agent Simulants in Water Distribution Systems July 2004.

EPA（2005） Distribution System Water Quality Report: A Guide to the Assessment and Management of Drinking Water Quality in Distribution Systems. ORD NRMRL Water Supply and Water Resources Division. June 2005 Draft.

Fitzgerald, DA.（2002） Microarrayers on the spot. The Scientist. 16（4）:42.

Fontenot, E; Ingeduld, P; Wood, D.（2003） Real-time Analysis of Water Supply and Water Distribution Systems, World Water & Environmental Resources Congress, Environmental & Water Resources Institute – ASCE.

Goodey, AP; McDevitt, JT.（2003） Multishell Microspheres with Integrated Chromatographic and Detection Layers for Use in Array Sensors. J. Am. Chem. Soc. 125（10）:2870-2871.

Gorman, J.（2003） NanoLights! Camera! Action! Tiny semiconductor crystals reveal cellular activity like never before. Science News. 163（7）:107.

Grayman, W; Roberson, A; States, S.（2003） AWWA Contamination Monitoring Technologies Seminar; Richmond, VA. May 2003.

Grayman, W; Deininger, R; Males; Gullick, R.（2004a） Source water early warning systems.Chapter in Water Supply Systems Security. Edited by Larry Mays, McGraw-Hill and Companies, New York, NY.

Grayman, WM; Clark, RM; Harding, BL; Maslia, M; Aramini, J.（2004b） Reconstructing Historical Contamination Events. Chapter in Water Supply Systems Security. Edited by Larry Mays, McGraw-Hill and Companies, New York,

NY.

Grayman, W; Rossman, L; Deininger, R; Smith, AC; Smith, J. (2004c) Mixing and aging of water in distribution system storage facilities. J. AWWA. 96 (9) .

Grow, AE; Deal, MS; Thompson, PA; Wood, LL. (2003) Evaluation of the Doodlebug: a biochip for detecting waterborne pathogens. Water Intelligence Online IWA (WERF) .

Hasan, J; States, S; Deininger, R. (2004) Safeguarding the security of public water supplies using early warning systems: A Brief Review. J. of Contemporary Water Research and Education.129:27–33.

Haupt, K. (2002) Creating a good impression. Nature Biotechnology. 20:884–885.

Heroux, K. and Anderson, P. (No date) "Evaluation of a Rapid Immunoassay System for the Detection of Bacillus anthracis Spores." U.S. Army Edgewood Chemical Biological Center, Aberdeen Proving Ground, MD. http://www.responsebio.com/pdf/EdgewoodEvaluation.pdf

Hindson, BJ; Brown, SB; Marshall GD; McBride, MT; Makarewicz, AJ; Gutierrez DM; Wolcott DK; Metz, TR; Madabhushi, RS; Dzenitis, JM; Colston, BW Jr. (2004) Development of an automated sample preparation module for environmental monitoring of biowarfare agents.Analytical Chemistry. 76 (13) :3492–3497.

Hrudey, SE; Rizak, S. (2004) Discussion of rapid analytical techniques for drinking water security investigations. J. AWWA. 96 (9) :110–113.

Kessler, A; Ostfeld A; Sinai, G. (1998) Detecting accidental contaminations in municipal waternetworks. J. of Water Resources Planning and Management. 124 (4) : 192–198.

King, KL. (2004) Presentation by K.L. King, Event Monitor for Water Plant or Distribution System Monitoring; Hach Homeland Security Technologies; AWWA Water Security Congress; April 25–27, 2004.

ILSI (1999) Early Warning Monitoring to Detect Hazardous Events in Water Supplies. International Life Sciences Institute–Risk Science Institute. http://rsi.ilsi.org/file/EWM.pdf.

Jentgen, L; Conrad, S; Riddle, R; Von Sacken, EW; Stone, K; Grayman, WM; Ranade, S. (2003).

Implementing a Prototype Energy and Water Quality Management System. AwwaRF/AWWA.

Kirby, R; Cho, EJ; Gehrke, B; Bayer, T; Park, YS; Neikirk, DP; McDevitt, JT; Ellington, AD. (2004) Aptamer–based sensor arrays for the detection and quantitation of proteins. Analytical Chemistry. 76 (14) :4066–4075.

Koblizek, M; Maly_, J; Masoji_dek, J; Komenda, J; Kucera, T; Giardi, MT; Mattoo, AK; Pilloton, R. (2002) A biosensor for the detection of triazine and phenylurea herbicides designed using photosystem ii coupled to a screen–printed electrode. Biotechnology and Bioengineering.78 (1) :110–116.

Kretzmann, H; Van Zyl, J. (2004) Stochastic Analysis of Water Distribution Systems. World Water & Environmental Resources Congress, Environmental & Water Resources Institute – ASCE.

Kuhn, R; Oshima, K. (2002) Hollow–fiber Ultrafiltration of Cryptosporidium parvum oocysts from a wide variety of 10–L surface water samples. Canadian J. of Microbiology, 48 (6) :542–549.

Lee, B; Deininger, R; Clark, R. (1991) Locating monitoring stations in water distribution systems.J. AWWA. 83 (7) :60–66.

Li, Z; Buchberger, S; Tzatchkov. (2005) Importance of Dispersion in Network Water Quality Modeling. Proc. World Water & Environmental Resources Congress, Environmental & Water Resources Institute – ASCE. 2005.

Li, Z; Buchberger, S. (2004) Effect of Time Scale on PRP Random Flows in Pipe Network. World Water & Environmental Resources Congress, Environmental & Water Resources Institute – ASCE.

Mays, LW. (2004) Water Supply Systems Security. New York: McGraw–Hill.

McCleskey, SC; Griffin, MJ; Schneider, SE; McDevitt, JT, Anslyn, EV. (2003) Differential receptors create patterns diagnostic for ATP and GTP. J. Am. Chem. Soc. 125 (5) : 1114–1115.

Murray, R; Janke, R; Uber, J. (2004) The Threat Ensemble Vulnerability Assessment Program for Drinking Water Distribution System Security, Proceedings of the World Water and Environmental Resources Congress, Salt Lake City, June 2004.

Ostfeld, A. (2004) Optimal Monitoring Stations Allocations for Water Distribution System Security.Chapter in Water Supply Systems Security. Edited by L. Mays, McGraw–Hill.

Ostfeld, A; Salomons, E. (2004) Optimal layout of early warning detection stations for waterdistribution systems security. J.WRPM, ASCE. 130 (5) :377–385.

Perkel, JM. (2003) Microbiology vigil: probing what's out there. The Scientist. 17 (9) :40.

Pesavento, M; D'Agostino, G; Alberti, G. (2004) Molecular Imprinted Polymers as Sensing Membrane for Direct Electrochemical Detection of Pollutants, IAEAC: The 6th Workshop on Biosensors and BioAnalytical μ–Techniques in Environmental and Clinical Analysis ENEA – University of Rome "La Sapienza" : October 8–12, 2004– Rome, Italy.

Powell, J; Clement, J; Brandt, M; Casey, R; Holt, D; Grayman, W; LeChevallier, M. （2004）. Predictive Models for Water Quality in Distribution Systems. AwwaRF-AWWA, Denver, CO.

Pyle, BH; Broadway, SC; McFeters, G. （1999） Sensitive detection of Escherichia coli O157:H7 in food and water by immunomagnetic separation and solid-phase laser cytometry. Applied and Environmental Microbiology. 65:1966-1972.

Quist, GM; DeLeon, R; Felkner, IC. （2004） Evaluation of a Real-time Online Continuous Monitoring Method for Cryptosporidium. AwwaRF Project #2720.

Rider, TH; Petrovick, MS; Nargi, FE; Harper, JD; Schwoebel, ED; Mathews, RH; Blanchard, DJ;Bortolin, LT; Young, AM; Chen, J; Hollis, MA. （2003） A B cell-based sensor for rapid identification of pathogens. Science. 301:213-215.

Rife, JC; Miller, MM; Sheehan, PE, Tamanaha, CR; Tondra, M; Whitman, LJ. （2003） Design and performance of GMR sensors for the detection of magentic microbeads in biosensors. Sensors and Actuators A. 107:209-218.

Roberson, JA; Morley KM. （2005） Contamination Warning Systems for Water: An Approach for Providing Actionable Information to Decision-makers. American Water Works Association.http://www.awwa.org/Advocacy/pressroom/pr/index.cfm?ArticleID=424

Rosen, JS; Miller, DM; Stevens, KB; Ergul, A; Sobrinho, JAH; Frey, MM; Pinkstaff, L. （2003） Application of Knowledge Management to Utilities. AWWA Research Foundation. ISBN1-P-4.5C-90895-2/03-CM.

Rossman, L. （2000） EPANET Version 2 User's Manual. USEPA.

Ruan, C.; Zeng, K; Varghese, OK; Grimes, CA. （2004a） A staphylococcal enterotoxin B magnetoelastic immunosensor. Biosensors and

Bioelectronics. 20:585–591.

Ruan, C; Varghese, OK; Grimes, CA; Zeng, K; Yang, X; Mukher jee, N; Ong, KG. （2004b） Amagnetoelastic ricin immunosensor. Sensor Letters. 2:1–7.

Ruan, C; Zeng, K; Varghese, OK; Grimes, CA. （2003） Magentoelastic immunosensors: amplified mass immunosorbent assay for the detection of Escherichia coli O157:H7. Analytical Chemistry.75:6494–6498.

Shaffer, KM; Gray, SA; Fertig, SJ; Selinger, JV. （2003） Neuronal Network Biosensor for Environmental Threat Detection. Internet abstract found at:http://www.nrl.navy.mil/content.php?P=04REVIEW118.

States, S. （2004） Rapid Screening, How Good Is it for Security Investigations? AWWA Jan 2004.

Tamanaha, CR; Whitman, LJ; Colton, RJ. （2002） Hybrind macro–micro fluidics system for a chipbased sensor. J. of Micromechanics and Microengineering. 12:N7–N17.

Tuck, K; Powers, M.; Millward, H; Chen, Y; Zharkikh, L; Wall, M; Li, W; Gundry, C; Pavlov, I;Ditty, S; Hadfield, T; Karaszkiewicz, J; Nielsen, D; Teng, DH–F. （2005） Joint Biological Agent Identification and Diagnostic System （JBAIDS）: Stability and Sensitivity of Freeze–Dried Real–Time PCR Assays. American Society of Microbiology 2005. Abstract 089/Y–018.

Uber, J; Janke, R; Murray, R; Meyer, P. （2004a） Greedy Heuristic Methods for Locating Water Quality Sensors in Distribution Systems. Proc. World Water & Environmental Resources Congress, Environmental & Water Resources Institute – ASCE, 2004.

Uber, J; Shang, F; Rossman, L. （2004b） Extensions to EPANET for Fate and Transport of Multiple Interacting Chemical or Biological Components. World Water &

Environmental Resources Congress，Environmental & Water Resources Institute – ASCE.

Van Bloemen Waanders，BG；Bartlett，R；Biegler，L；Laird，C（2003）Nonlinear Programming Strategies for Source Detection of Municipal Water Networks. World Water & Environmental Resources Congress，Environmental & Water Resources Institute – ASCE.

Walski，TM；Chase，DV；Savic，DA；Grayman，W；Beckwith，W；Koelle，E.（2003）Advanced Water Distribution Modeling and Management，Haestad Methods. Waterbury CT: Haestad Press.

Watson，J；Greenberg，HJ；Hart，WE.（2004）A Multiple–Objective Analysis of Sensor Placement Optimization in Water Networks. World Water & Environmental Resources Congress，Environmental & Water Resources Institute – ASCE.

Whelan，RJ；Wohland，T；Neumann，L；Huang，B；Kobilka，BK；Zare，RN.（2002）Analysis of biomolecular interactions using a miniaturized surface plasmon resonance sensor. Analytical Chemistry. 74:4570–4576.

Whelan，RJ；Zare R.N.（2003）Surface plasmon resonance detection for capillary electrophoresis separations. Analytical Chemistry. 75:1542–1547.

Whitman，LJ；Sheehan，PE；Colton，RJ；Miller，RL；Edelstein，RL；Tamanaha，CR.（2001）Naval Research Laboratory Review/Chemical/Biochemical Research.

WHO（2004）Public Health Response to Biological and Chemical Weapons: World Health Organization Guidance. http://www.who.int/csr/delibepidemics/biochemguide/en/index.html

附录A　水卫士概述

在"9·11"事件以后，提升国家水基础设施的安全是美国EPA最重要的事业和责任之一。对于水基础设施的袭击或者是一个确信的袭击威胁，对于公众健康、基础设施和社区的经济活力都有损害。尽管历史证据提示针对水供应的故意污染事件的可能性相对比较小，但是专家也同意污染饮用水系统的一部分是可能的，并会对公众的健康有不利影响。而且，污染威胁（饮用水供应的污染的微弱的指示可能已经发生）的可能性相对比较高。考虑到污染饮用水的水平会影响到公众健康的可能性，以及在水层面污染威胁发生的可能性，就需要在很短的时间里评估任何污染威胁的确实性和确定合适的响应行动。

为识别这个威胁和对HSPD 9号的回应，EPA研发和提议了"水哨兵行动"。HSPD-9对EPA的指示如下：

（1）"研发稳定、综合的、全面协调的监督监测系统。为水质提供早期检测和提示疾病、瘟疫和有毒药剂"

（2）"为水质研发全国范围的实验室网络，整合并互联现有的联邦和国家实验室资源，使用标准的诊断协议和程序"

提议的"水哨兵行动"将建立在现有的EPA的工作之上，设计和有效利用污染物预警系统（CWS）。CWS是从"预警系统"进化而来，该概念包含了积极的部署和使用监测技术和策略，提高监督活跃度用于收集、整合、分析和信息通信，从而提供对潜在水污染事件的及时报警，并发起行动以减少对公众健康和经济的影响。

对水污染威胁有效和及时的响应的重点就是缩小一下两者的时间，即指示污染事件发生时间（水质变化的时间）和通过早期检测潜在污染物威胁报警而触发的有效应对措施的时间。

污染威胁被识别后就会导致执行应对措施，这些应对措施设计用于决定威胁是否是确信的，并在确信威胁的情况下保护公众健康。通过推行CWS可以进行早期检测。CWS不仅仅是一个在水系统中的监测仪器和设备的简单集合来对干扰进行报警。根本上，它是一个信息的管理运用。不同的信息流必须被及时管理、分析和解读，用于及时识别潜在的污染事件和有效的应对。

图附1展示了"水污染哨兵预警（WS-CWS）"提议的各组件操作的概念总览。虽然有效的CWS应该被设计最大化的检测污染物事件（事故性或者是故意性），通过系统过程来扩大和调整展示设计和整合CWS组件的有效性很重要。

在设计WS-CWS时，EPA将要和饮用水公共事业部门、重点水部门利益相关者、技术专家、公众健康代表、法律执行机构和其他联邦部门一道专注于第一代CWS组件，初步地确定优先污染物的代表来提升公共事业部门对任何污染威胁和事件的应对能力。此外，WS-CWS将会对非安全相关的水质问题带来操作上的好处，提高水公共事业部门和当地健康部门的合作和整合。通过和这些合作伙伴的工作，EPA将使用"水哨兵行动"示范项目来研发可持续的CWS模型，从而在整个国家由公共事业部门使用。

WS行动的主要组件如下：

- 系统结构和程序设计
- 基线污染物选择
- 水实验室联盟的实验室支持
- 事件检测和可信度的确定
- 结果管理
- 数据管理

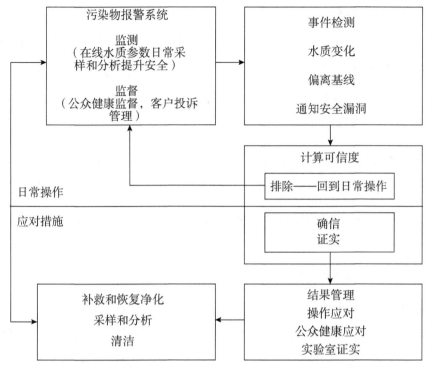

图附1　WS-CWS操作概念总览

一、系统结构和程序设计

WS系统结构将会定义WS-CWS的概念性方法，为最有效的CWS组件组合备档，生产一个可持续的程序，从而能被水公共事业部门采纳和执行。CWS的主要组件如图附2。

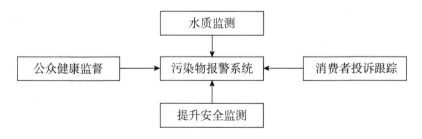

图附2　CWS的主要组件

（一）水质监测

多种方法检测水质是CWS的一部分。WS-CWS将关注以下两个主要选择：

在线监测水质的变化。 在线监测水质参数，比如氯残留、pH、电导率、浊度等，能潜在检测到和已建立的水质基线相比可识别的变化。能够作为WS-CWS的潜在污染物的指示器。

为所选的污染物常规采样。 水样可在预先决定的频率下采集，也可以因为特殊的目标污染物来触发采集分析。也可能检测一些非目标污染物，在使用的分析技术在常规的检测项目中足够的分析能力情况下，并且还需要分析者被培训和鼓励研究实验性地确认污染物。

（二）消费者投诉监督

消费者通常投诉不寻常水的味道、气味或者外观常被报道并且被公共事业部门记录。这给识别和处理水质问题提供了方便。使用恰当的方法，WS能够追踪和分析这些投诉，来寻找不寻常的源头，这有可能的是污染事故的一个标志。

（三）公众健康监督

公众健康领域的综合监督，比如911电话中心、毒物控制热线都可以作为潜在饮用水污染事件的报警报告方。前提是有可靠的公众健康和饮用水公共事业部门之间的连线存在。

（四）提升安全监测

安全漏洞，目击证人的描述、犯罪者的供诉、新媒体、执法部门都能通过提升的安全措施而被监测到。

对一个给定公共事业部门，研发一个WS系统结构需要考虑的因素如下：

可持续性和双重使用： 公共事业部门操作维护WS-CWS的能力，有助于为水质安全以及和水质相关的日常操作。

执行的成本效率： 有能力证明执行、操作和维护WS-CWS的成本相对益处来说是合理的。这个因素直接和之前的可持续性和双重使用与关。

普遍的应用：用某种方法有能力改编和执行WS-CWS设计，而不管饮用水公共事业部门的大小、处理类型、位置和复杂度。

在提议的行动下，EPA将和公共事业部门一道决定传感器的放置位置和采样点，发展和加强公共事业部门和公众健康社区之间的通信和协调，识别提升整合客户投诉和公众健康监督的方法，定义WS-CWS系统执行的双重使用的益处。

二、选择基线污染物

许多潜在监测器和监督组件可以整合进CWS，并在WS示范项目中被评估，但是还没有在CWS应用中彻底的被示范。因此，WS示范项目被限制在污染物是受到批评的，因为这些技术和政策在其他水监测领域已经被很好地理解并被描述了特征。比如，使用技术监测基础的水质参数，比如氯残留、pH、电导率等的经验非常充足。在没有引进不确定的和研究方法相关的技术的时候，在WS示范项目中使用这些已建立的技术将有助于专注于污染物报警系统的运行表现。一旦CWS的概念被示范了，新的检测技术就会在这个给定的系统环境下被评估。

WS行动致力于提高保护公众健康和经济生活，以抑制可能导致严重危害的污染物泄漏到饮用水系统的事件。因此为WS行动选择候选污染物应该考虑到潜在污染物的威胁剂量。因此，发展WS行动的第一步就是去识别将包括在示范工程中的那些基线污染物。

WS污染物选择程序目标如下：

- 选择合理数量的基线污染物，使用不同监测和监督技术和策略来覆盖所有优先污染物的类别
- 识别和采样分析方法有关的优先研究项目，这些方法近期将在WS示范项目中被初始评估
- 识别和采样分析相关的，保证未来覆盖所有优先污染物的长期优先研究项目

三、实验室支持和水实验室联盟

为常规监测和响应行动提供必要的分析支持，水实验室联盟（WLA）正致力于在饮用水公共事业部门的实验室里为基线污染物常规监测创建能力和容量。WLA是一个实验室网络，有着广泛的分析水样和大范围潜在污染物的能力。WLA整合了现有的水质实验室和现有的实验反应网络（LRN），LRN由美国疾病控制和预防中心建立，用于支持分析潜在的生物威胁制剂。

确认和响应分析能力和容量应该被建立以支持WS行动。因为许多CWS组件提供非特异性的潜在污染物的指示器，作为WLA一部分的实验室应该精于筛查和分析未知样品中的化学物质、病原体和放射性核素。此外，研发实验室能力支持WS-CWS，标准分析方法的研发能被用于筛选、假定和确认分析将主要集中于研究活动。

四、事件检测和确定性测定

WS行动设计用于收集和整合多个源的可能是污染物威胁指示的信息，这些信息只有在CWS环境下才是有用的，其前提是它能有效和快速地用于合适的应对决策。因此，还需要决策支持工具。

在WS-CWS模型里面，事件检测被定义为来自CWS的信号，其信号指示可能的污染物事件。该信号可能是不寻常水质的模式，或者是一群不寻常的消费者投诉，或者是由公众健康监督项目发现的不寻常的征兆。虽然公众健康监督系统有他们自己的事件检测算法，但对于水质和消费者投诉不存在或者是没有广泛的有效利用。因此，需要研发事件检测软件（EDS）。EDS最重要的功能就是过滤掉经常的异常，或者是已知原因的异常，还有那些仅仅被认为大概有可能是污染物事件的信号。简而言之，EDS的目的就是在不漏掉潜在事件的情况下减少假阳性率。

虽然EDS能够指示可能的污染物威胁，但是它不能指示一个需要应对措施保护公众健康的确信威胁。再者，人的要素不能从确任步骤中被移除。然而，去研发工具，通过评估程序和协助必要信息综合分析，来支持官员及时适当的应对决策是可能的。最终，这些决策将总会信赖人的判断和全面信息的评估。但是，这个决策工具能很大的协助进程，能相当多地减少做出决定性应对决策的时间。

五、结果管理

在有效地应对决策及时做出的时候，污染事件的早期检测对最小化公众健康和经济影响才有利。结果管理协议将会提供决策框架来管理什么时候、如何、什么和谁将被包括进决策程序，用于对污染物威胁报警的应对，最小化应对的时间线和执行适当的执行措施和公众健康应对行动。稳健和经受考验的有效的结果管理协议将在监测和监督行动中扮演重要角色。

评估威胁报警响应可信度的系统研究法，会保证所有可获得的信息都被及时和有效地分析，用以减少误报警和对那些没有被确信的触发信号进行过度响应。当系统结构能识别输入的污染物威胁、报警并提供一整套结果管理决策时，该结果管理协议将是独立的，在正规CWS缺席的时候，能发布应对决策、现有的污染物触发政策、污染物威胁报警。

六、数据管理

CWS不仅仅是一个放置在水系统来对干扰进行报警的监测仪器和设备集合体。从根本上说，它是一个信息管理的运作体。不同的数据流必须被及时的管理、分析和解读，用以及时地识别潜在污染事件和有效地应对。

WS-CWS展示的地形学信息方面要素需要收集、整合和分析用以决策响应。每一个CWS组件，EPA和它在WS行动中的伙伴将会识别数据分析技术、从已建立的基线中区分潜在事件的具体技术需求。

通过WS系统体系结构和程序设计识别的CWS组成部分，数据需要从SCADA系统、实验室信息管理系统（LIMS）、消费者投诉监督系统/安全监测系统以及健康监督系统的排列中提取出来，可以用作及时决策和应对。

下一步

"水卫士"被推荐为2006财年的示范项目。EPA将在现有工作的情况下开展本项目。在2005财年，EPA将继续和水部门一道把这些活动作为"水卫士"的基础工作。这些活动可能包括设计污染物报警模型，分析污染物能及时有效地分析和响应，对潜在事件响应的结果管理规定，以及对那些可作为部署候选技术的研究。

附录B　参与预警系统的机构

下面是参加到研究、评估和研发预警系统机构的简介：

一、联邦机构（研究和项目）

（一）美国国家环境保护局

在保护水方面，EPA扮演领导者的角色。在国土安全国家战略中，EPA被指定为保护国家供水负责。在国土安全总统令9号中（2004年2月），EPA是为农业、食物、水安全以及研发稳健、综合、全面协调的监督和检测系统，提供对疾病、瘟疫和有害制剂早期检测和提示负责的联邦部门之一。

为了成为水安全的研究先锋，EPA在ORD建立了NHSRC。EPA已经发起了很多和早期预警系统相关的一些工作，他们如下：

- 起草了水安全研究和技术支持系统计划，它是本项目的基础
- 发起了NHSRC的WATERS中心来组织包括评估 各种传感器技术和数据获取系统在内的研究项目
- 使用EPA的环境技术验证（ETV）项目包括国土安全技术（比如，预警系统）在内的，准备好商业化的环境技术提供可信的性能数据
- 美国土木工程师协会赞助设计和研发在线污染物监测系统指引
- 在2003年6月建立饮用水配水系统研究联合会提供信息交流论坛，主要基于不同饮用水配水系统安全议题和预警系统研究（比如传感器/现场研究/传感器放置）
- 为饮用水配水系统安全，建立TEVA研究项目。

设计预警系统时，产品中有一个在评估饮用水配水系统中传感器放置的

策略方面有所帮助

● 在紧急情况和预警系统中研发不同的指引

（二）国土安全部

国土安全部在2002年建立，目的是保护国家免受恐怖分子的袭击。作为这个任务的一部分，DHS有责任保护国家的饮用水。DHS已经建立了持续教育公众的预备活动。其目的是让社区在遇到紧急状态时知道该如何做。2004年的国土安全总统令（HSPD-9）也要求DHS保护农业和食物系统免受攻击、灾难和其他紧急事件的影响。该命令的一部分是觉察和报警部门提升情报运作保护水资产，比如有效地执行监测和检测能力。该命令还包括进一步研发检测、预防、特性描述、响应和恢复对策。此外，DHS和EPA以及其他部门一道参与了可用的技术性能表现的复审。DHS也批准了与研发可用于水中预警系统技术相关的项目，比如SCADA系统。

（三）国防部

在"9·11"恐怖袭击之前，有关核武器、生物武器和化学武器的危险都是国防部（DOD）所关心的问题。自从1990年代晚期，诸如水监测项目联合服务代理以及检测和传感器计划都已经建立了。在反对恐怖主义计划的实物和水安全条款E2.1.20中，国防部有义务保护食物和水源免受破坏和污染以及其他恐怖袭击。DOD必须履行这些职责，通过采取行动检测、预防以及减少故意污染事件对水和食物的影响。DOD因此是一个连续的支持方，用于研发更先进的水污染检测设备，比如更快、更轻、更小可以在现场使用的检测器。DOD力争达到这个目标，主要是通过为组织提供资金，比如正在研发EWS系统的SNL组织。最后，DOD有助于通过他的研究和发展计划研发EWS，比DARPA，下文将进一步描述。其他由DOD资助的R&D组织可以在如下网址上查到：

http://www.dtic.mil/ird/websites/orgsites.html

（四）国防部高级研究计划局（DARPA）

DARPA是属于DOD的一个研究发展组织，致力于高级军事技术的研发。对于水安全测量，DAPRA正追求快速、高度敏感和高度特种的生物传感器系统。四个主推的生物传感器领域计划分别是：（1）基于质量的识别技术；（2）基于表面的识别技术；（3）基于核酸的识别技术；（4）基于呼吸分析的识别技术。生物传感器技术计划和20个大学和实验室合作。本报告还提到过，DARPA的化学和生物传感器标准研究，展现了一个权衡敏感性、正确检测的可能性、假阳性率和响应时间性能表现评估传感器的方法。

（五）海军研究实验室

海军研究实验室（NRL）是海军陆战队的研究实验室。该实验室围绕特别用于海军的科学技术研究与发展，也包括大气和空间科学与技术。NRL已经开始研发了在环境中检测污染物的方法。和GeoCenter公司合作，这些努力的结果就是研发了监测放射性物质（比如微型片上的铀）的方法。在海军研究办公室的资助下，NRL还研发了现场便携式的测试方法，在不需要实验室测试的情况下测量水中的氰化物。在和GeoCenters公司、新墨西哥州大学和加州大学的合作下，NRL还研发了在饮用水和气体中用微芯片检测氰化物的方法。NRL目前正在研发高敏感度的生物传感器监测在环境中通过空气和水传播的污染物。生物传感器能检测DNA和抗体分子之间的力。其他进步包括研发RAPTOR™和珠阵列计数器（BARC）芯片。RAPTOR™是一个便携、快速、自动的荧光测定系统，用于监测生物制剂、有毒物质、爆炸物和化学污染物。BARC芯片包含固化在表面的DNA队列点，使用磁珠检测杂交的DNA样品。BARC的研发由DARPA和ONR资助。

（六）Edgewood陆军试验场

虽然Edgewood陆军试验场最初是作为化学武器研究、发展和测试的设施，现在它致力于化学武器的防御措施，对军队化学和生物防御命令的响应，用以监视军队的非医疗的化学和生物防御行为。Edgewood陆军试验场联合服务局水监测项目用于审视饮用水配水系统的传感器，使用如下实验级别的检测方法：传统的、光学技术、聚合物材料、化验以及哨兵物种。此外，它还检查MEMS和MOEMS的新领域，这些依赖于其他类别的概念试验。Edgewood陆军试验场与EPA合作致力于加强国土安全工作。

（七）美国地质勘探局（USGS）

美国地质勘探局（USGS）非常关注水质。USGS已经评估了许多固定的实时连续水质监测站。此外，USGA是诸如ILSI（1990年，在供水中检测有害事件的预警监测）、2004年的国家监测会议、国家水质监测委员会的"建立和维持成功的监测项目"等工作组的一部分。USGS也支持EWS项目，比如研发有效的水文学追踪测试设计项目，该项目能提供释放实践模拟情景，从而水系统能测试他们的准备情况。

二、国家实验室

（一）Sandia国家实验室

在2001年之前，Sandia国家实验室（SNL）的化学生物项目已经参与了用于快速检测化学和生物武器的高级传感器技术的研发。大多数这些技术都没有商业化，都处于原型机的各种阶段，包括μChemLab和微型机械声音化学传感器。然而，SNL相信一旦成熟，它的技术应该提供成本效率高的监测选择。SNL特殊的水传感器研发活动如下：

（1）调整气相μChemLab用于检测三氯甲烷和化学武器在水中的水解产物。研究者正在建立"前端–结束"用于已有的基于芯片的气相色谱。该系统最初是被研发用于分析水中的三氯甲烷和化学武器的水解产品。他们预测在2005年将完成现场原型机的设计。

（2）使用液相μChemLab用于连续在线检测水中的生物毒性物质。这可能是SNL便携技术中最成熟的。一个基于蛋白质分析计划，用基于微流体的毛细管区和毛细管凝胶分析用于生物毒素分离，加上激光激发的荧光检测，所有的都是手持和现场便携式设备。SNL和两个主要合作研发合同（CRADA）伙伴讨论并达成了成功的协议将开展一个积极的项目最优化测试本系统用于实时饮用水配水系统监测设备。

（3）水中细菌的浓缩使用绝缘的双向电泳和微型装配固定装置。本项目的目的是研发水中生物物种的浓缩技术，用基于他们在电场中的移动来分离不同的细菌。研究者已经展示了分离活的和死的*E. coli*细胞，也能在水基质中区分细菌和不活跃颗粒。

（4）微制造的电分析系统用于检测水中的无机物。本项目目的是检测水中各种有电子活性的物质（如铅、镉和砷），使用微制造的多电极阵列，通过阳极溶出伏安法测试各种物质。SNL研究者有个台式原型机正在最优化以测量铅。然而，他们估计本设备的功能可能被扩展为预警传感器系统中的一种。

（5）SNL，CH2M Hill公司（位于Colorado），Tenix投资公司（位于Australia）已经签订了合同要求基于μChemLab的在线水监测原型将会在2005年6月研发和测试。测试的第一阶段将专注于检测蓖麻毒素和肉毒杆菌毒素。研发团队最终希望能检测病毒、细菌和寄生虫。

（二）Lawrence Livermore国家实验室

Lawrence Livermore国家实验室（LLNL）是一个由加州大学为美国能源部运作的国家实验室。虽然LLNL是作为核武器设计实验室建立起来的，但是它已经拓展了它的研究领域，包括能源，生物医学环境。LLNL正在研发大范围的传感器技术。就如本报告讨论的一样，LLNL使用Luminex®技术来研发自发的病原体检测系统（APDS）。系统有一个基于顺序注射分析（SIA）的自动采样准备模块。在本报告中还讨论了由LLNL研发的基于实时PCR（TaqM）"手持核酸分析仪"（HANAA）。

（三）Oak Ridge国家实验室

Oak Ridge国家实验室（ORNL）是一个多项目科学与技术实验室，由UT-Battelle和LLC 为 DOE管理。ORNL组织的研发领域主要在能源、环境和国家安全。此外，该实验室还生产同位素，管理信息和技术项目，为其他组织提供研究和技术帮助。ORNL在研发生物传感器和生物覆盖方面在实验室里面起引领作用。在水的EWS领域，ORNL已经研发了大尺度的供水卫士，该设备分析藻类光合作用的特点，以回答军事和生活用水安全的关切。ORNL也许可了VeriScan™3000系统，由Protiveris生产。此外，ORNL和诸如高级生物医疗光子中心、高级生物医疗科学与技术集团等组织的联系。ORNL的研究者还和Tennessee大学的生物传感器和纳米技术研究者合作联系。

（四）西北太平洋国家实验室

西北太平洋国家实验室（PNNL）是一个由DOE运作的实验室。PNNL组织在环境、能源、健康和国家安全以及经济领域体提供研发和教育支持。PNNL在"9·11"之前都关注了国土安全。在化学、原子能和生物武器检测方面，PNNL已经在研发传感器和测量技术、电子设备（包括控制）以及系统应用需求的整合方面有所贡献。PNNL的传感器和电子设备部门正在研发生物传感器、化学传感器、物理特性传感器、核辐射传感器和宏观特征测量领域的电子设备和系统。作为快速生物威胁检测的补充，PNNL已经研发了BEADS。BEADS自动技术可以分离水、空气或者其他脏的不需要手工准备的样品中的细菌、孢子、病毒和它们DNA。

（五）Idaho国家实验室

2005年2月1日，Idaho 国家工程和环境实验室和Argonne国家实验室成立了Idaho 国家实验室。EPA-NHSRC和 INL有一个部门间协议研发和生产下一代超滤浓缩（UC）设备原型机，该原型机之前由NHSRC和其他利益相关方研发。UC台式设备把100L生活用水中的微生物病原体浓缩到250ml体积中，需要2h（400倍的浓缩）。INL希望使用UC台式设备（已在Cincinnati的NHSRC被测试过了）重新设计或者重新组装自动组件，比如新设备能作为接近商业化或者是现场原型机在现场被操作。

三、其他组织和机构

（一）Pittsburgh水和下水道管理局

Pittsburgh水和下水道管理局是一个水环境研究基金会和EPA资助的用于确认、筛选和处理污染物以保证水安全的多个组织中的一个。比如，管理局已经对许多饮用水快速检测新技术进行了许多验证测试。他还识别进入下水道的生物、化学和辐射制剂的风险和毒性，分析其在废水处理厂的归宿和传输，研发紧急操作污染程序。

（二）国家科学院：水科学和技术委员会

水科学和技术委员会（WSTB）在1982年由国家研究委员组织起来，提供和水质和水源相关的研究焦点。WSTB管理的项目和EWS相关的有"公众供水、饮用水配水系统：评估和减少风险""EPA国土安全工作复审：水系统安全研究平台"。

（三）美国水工程协会研究基金会

美国水工程协会研究基金会（AwwaRF）是一个国际性非营利组织，致力于为它的捐赠成员组织提供研究资助，提供安全和可负担的起的饮用水。AwwaRF已被很多水安全项目赞助，比如CDC和EPA等政府组织，国家或者国际研究基金，城市和州水部门以及大学。这些项目涵盖了水安全议题的大部分范围，包括技术评估，在线监测和预警、通信、评估微生物污染和灾害应对。

AwwaRF和饮用水预警系统相关的项目聚焦于病原体、化学物质、辐射和生物毒素的早期检测，这样公共事业部门能够对水系统的故意污染事件有适当的响应。随着恐怖主义事件关注变高，快速检测和识别污染物就至关重要。AwwaRF

项目的一个主要关注就是研发便携手持的可实时检测所有有害制剂和水监测仪器，并使用SCADA来促进和提高监测和通信。项目在研发高级方法来校正识别*E. coli*的不同阶段的隐孢子虫，使用的技术是多角度光散射技术（MALS）。其他项目致力于策略计划，从防止干扰饮用水系统，选择水采样位置和方法，保护公共事业部门SCADA设备，到紧急情况管理计划。最后，一些计划的专注点超过了水处理和饮用水配水系统。比如，使用点饮用水设备作为短期紧急响应选择应该是有用的。AwwaRF项目简介见附录D。

（四）水环境研究基金会

水环境研究基金会（WERF）创建于1989，资助废水和水质研究。基金会的捐赠者包括公共事业部门、市政当局、公司和工业组织，他们都对提升研发水质科学和技术感兴趣。WERF最大的研究范围包括科学和技术学科（比如微生物、废水生态学、毒理学、生物科学、环境工程、设备仪器）以及社会和行为学（比如通信和公众认知）。

在"9·11"以前，WERF已经着手在研究流入毒性物质检测和过程控制视野下的传感器研究。自从"9·11"以来，WERF在EPA授予安全的保护下，已经提出的研究领域包括：（1）化学、生物、辐射污染物事件（意外的或者是故意的），（2）设计追踪特征异常废水的专家支持系统，（3）基于GIS的污染物在管道系统中的传输模型，（4）设计智能化的传感器用于在线、实时的预警系统（UEWD），来追踪化学和生物污染物，（5）与水和废水公共事业部门过程控制系统相关的网络安全。在2000年被推荐WERF担任UEWDs的复审中，基础研究能弄明白有影响的事件（源）是如何导致中间的生物和物理化学反应（原因）之间的联系，其结果就在处理过程（影响）中是可观测的。在2004年，WERF赞助了使用光纤生物传感器（用于快速病原体检测）、生物发光生物传感器（用于毒性物质筛选）和X射线荧光光谱（水基金属）的水质监测传感器技术研究。WERF还组织传感器生产车间按重要性排列快速在线污染物监测的研发需求。

（五）美国土木工程师学会：水基础设施安全增强标准委员会

EPA和WISE签订了一个合同，产生了一个辅助水公共事业公司设计和执行污染物监测系统用于检测故意污染事件的指导文档。

（六）Rutgers大学

在EPA的支持下，Rutgers大学已经参与了EWS的研究中，比如，他们最近资助了用于饮用水安全保证的高级实时监测和模拟技术的年度研究项目。

附录C　所选择产品和技术的清单及其标准

本EWS的文档的目的是报告检测污染物，特别是在饮用水配水系统中化学、微生物和放射性制剂方面的先进技术。聚焦于这个相对新的领域中最有希望的产品和技术，下文将展示包括技术和产品在内的已经被研发的标准。技术列表将在本附录的末尾列出。

有下列三类技术研发被定义

- 可用的（正在被使用或者是能被公共事业部门使用的）

- 潜在可调整的技术（需要额外的步骤处理特殊的挑战，而用于饮用水配水系统中）

- 新兴的可以适用的技术

最重要的分类聚焦于现场便携（可带到现场）和在线技术（不是桌面技术）。当然，因为市场生存能力的分析已经超过了本报告的范围，本附录呈现的技术和产品没有触及他们在水公共事业部门的应用是否是成本效率合算的。然而，一些昂贵的技术和产品可能不会被考虑，因为制造商已经决定了他们的产品对于水公共事业部门市场来说太贵了，还没有活跃的研发和调整他们的产品用于水监测。

第一类：可用的

标准

- 现在使用或者可用于水

- 可能被验证可用于水，也许用于配水系统的

详尽的标准

便携和在线的产品，专为饮用水配水系统的市场。包括水质在线监测仪，因为他们能调整用于提供对CBW制剂的预警。这还包括针对水公共事业部门的毒性测试套件。还包括在ASCE指引里面列出的在线技术和便携式套件和设备。

第二类：潜在可调整的技术，但需要额外的步骤处理特殊的挑战，而用于饮用水配水系统中

标准

- 展示的桌面版本正在研发现场便携版本（便携到现场）

- 用于水的便携版本，但有些障碍（样品浓缩和氯的移除）

- 适用于检测CBW制剂（用于其他介质比如食物和空气）能调整用于水（有辅助设备）

- 用于相同领域（源水）的技术

详尽的标准

数个用于非饮用水领域的其他应用的技术可以经测试后应用于水，前提是需要额外的样品准备步骤。

- 需要移除氯残留的系统　展示的是基于细胞或者有机体的生物监测器。他们调整用于饮用水需要移除余氯方法的研发。这些方法还在研究阶段，但是需求度很高，应该很快能成功。

- 样品体积的浓缩　诸如便携式PCR系统的技术，如果和样品浓缩方法联合使用，可以用于饮用水样的检测。样品浓缩技术的产品正在出现。

- 汽化与挥发　市场上一些用于检测CBW制剂的便携和在线气相检测器可以作为水样的第一步响应，在使用辅助设备的情况下，可以测水样。现在已有方法和设备测挥发性物质和汽化物质。这些方法不建议测量微生物。特殊的气相采样产品的注意事项中表明了对于水样不适合。但是，公司对这些技术调整用于水的监测感兴趣。

第三类：新兴技术

标准

● 这些被详细考虑的技术被定义为有希望的技术，它们直接被有关组织（AwwaRF，EPA，DHS，DOD）资助和批准致力于预警技术研究

● 在公认的检测会议中在文献中多次出现（应是个不同的研究者）。公司、大学、国家实验室、政府都在授权给公司研发测试这些技术的原型机和产品

● 概念验证已经被展示了。技术仍然被强烈的追求

● 在进一步被研发的情况下，可以被用于饮用水采样

详尽的标准

下面的会议已从理论上仔细考察，而决定当前哪些技术是热门话题

● 2004生物检测技术，华盛顿特区，2004年6月

● 检测技术，弗吉尼亚州阿林顿市，2003年11月

● 生物防御的研究、技术和应用，华盛顿特区，2003年8月

● 生物检测技术，弗吉尼亚州阿林顿市，2003年6月

● 生物传感研究与发展，世界技术评估中心公司，国家健康研究所，2002年12月

● 检测技术，弗吉尼亚州阿林顿市，2002年12月

● 饮用水安全与保护的实时监测和模拟高级技术讨论会，Rutgers CIMIC，Newark，NJ，June，2002年11月

● 生物膜与生物医学纳米技术世界2002，Columbus，Ohio，2002年9月

● 生物检测技术 Alexandria，VA，2002年5月

此外，军队Edgewood联合代理服务水监测项目正在积极寻找用于饮用水配水系统的传感器，他们主要使用以下类别的检测技术：传统技术，光学技术，聚合物材料、化验技术，以及哨兵物种。也在仔细检查微电子机械系统（MEMS）和微光电子机械系统（MOEMS），这类技术有赖于概念验证。

没有包含如下技术

- 饮用水分析的桌面产品
- 特别设计用于临床样品的便携式设备
- 分撒的研究论文没有得到广泛的关注
- 技术或者是产品仅仅是概念性的，当前还没有预见到应用于水

在报告中，如果信息可以获取，技术的分类基于上边的类别（比如，可用的、潜在的可调整的、新兴的），并提供了验证水平的细节，概念的证明，现场测试还有联合声明。除了已经被注意的产品外，其他大多数产品要注意设备生产商声称还没有被独立的第三方所评估或者没有被EPA提及和核准。下面列出的技术产品是由被检测污染物的类别（化学、微生物、放射性），技术发展的状态（可现在获取、潜在可调整、新兴）以及在本文献中出现的章节、化验类型以及检测的首要污染物来分类的。

第9章中列的表是检测器和期望的EWS特点的对比表（表9-2，表9-4，表9-6和表9-8），其参考基础是从第8~9章所讨论技术中引用的信息。在某些情况下，信息是不完全的，因为这些信息在公司的网站上是不能获取的。在一些情况下，供应商还没有网站，或者是产品还没有推出，其信息也不可获取。

技术和方法列表

产品	公司或者开发者	技术状态	章节
常规水质			
C15系列水质监测	Analytical Technology Inc.	可获取	5 & 9
Sentinal™	Clarion Systems	可获取	5 & 9
Six-Cense™	Dascore	可获取	5 & 9
Model 1055 Solu Comp Ⅱ 分析仪	Emerson	可获取	5 & 9
AquaTrend panel	Hach	可获取	5 & 9
TOC分析仪	Hach	可获取	9
Model A 15/B-2-1	Analytical Technology Inc.	可获取	9
Model 5500	GLI International	可获取	9
DataSonde 4a	Hydrolab	可获取	9
Model Troll 9000	In-Situ	可获取	9

产品	公司或者开发者	技术状态	章节
Signet Model 8710	Signet	可获取	9
Model 6000 continuous monitor	YSI	可获取	9
STIP–Scan	STIP Isco GmbH	潜在可调整	5
化学			
Quick^{TM} tests	Industrial Test Systems，Inc.	可获取	6.2.1 & 9
AS 75砷测试包	Peters Engineering（澳大利亚）	可获取	6.2.1 & 9
AS–Top 水测试包	Envitop Ltd.（Oulu，芬兰）	可获取	6.2.1 & 9
PDV 6000便携式分析仪	Monitoring Technologies International Pty. Ltd.（Perth，澳大利亚）	可获取	6.2.1 & 9
Nano–Band^{TM}探测器	TraceDetect（Seattle，华盛顿）	可获取	6.2.1 & 9
CHEMetrics VVR	CHEMetrics	可获取	6.2.1 & 9
1919　SMART 2 比色计	LaMotte Company（Chesterton，马里兰州）	可获取	6.2.2 & 9
迷你分析型号942–032	Orbeco–Hellige（Farmingdale，纽约）	可获取	6.2.2 & 9
AQUAfast$^{®}$ IV AQ4000	Thermo Orion（Beverly，MA）	可获取	6.2.2 & 9
Thermo Orion Model 9606氰化物电极	Thermo Orion（Beverly，MA）	可获取	6.2.2 & 9
氰化物电极CN 501带有参考电极R503D和离子袖珍测试仪340i	WTW 测试系统（Ft.Myers，FL）	可获取	6.2.2 & 9
Scentograph^{TM} CMS500	Inficon	可获取	6.2.3 & 9
Scentograph^{TM} CMS200	Inficon	可获取	6.2.3 & 9
CT–1128	Constellation Technology Corporation with Agilent's（5973N MSD）	可获取	6.2.3 & 9
HAPSITE	Inficon	可获取	6.2.3 & 9
现场酶测试	Severn Trent	可获取	6.2.4 & 9
Aquanox^{TM}	Randox Laboratories	可获取	6.2.4 & 9
Eclox^{TM}	Severn Trent	可获取	6.2.4 & 9

产品	公司或者开发者	技术状态	章节
Tox Screen	Check Light，Ltd	可获取	6.2.5 & 9
Tox Screen Ⅱ	Check Light，Ltd	可获取	6.2.5 & 9
ToxTrak™	Hach Company	可获取	6.2.5 & 9
Bio Tox™ Flash	Hidex Oy	可获取	6.2.5 & 9
Polytox™	Interlab Supply，Ltd	可获取	6.2.5 & 9
Microtox	Strategic Diagnostics Inc.	可获取	6.2.5 & 9
DeltaTox	Strategic Diagnostics Inc.	可获取	6.2.5 & 9
microMAX–TOX Screen	SYSTEM Srl.（Italy）	可获取	6.2.5 & 9
MosselMonitor®	Delta Consult	可获取	6.2.5 & 9
Bio–Sensor®	Biological Monitoring Inc.	可获取	6.2.5
LuminoTox	Lab_Bell Inc.	潜在可调整	6.3.1
MitoScan	Harvard BioScience，Inc.	潜在可调整	6.3.1
IQ–Toxicity Test™	Aqua Survey	潜在可调整	6.3.2 & 9
水蚤毒性仪	bbe moldaenke，德国	潜在可调整	6.3.2 & 9
藻类毒性仪	bbe moldaenke，德国	潜在可调整	6.3.2 & 9
鱼毒性仪	bbe moldaenke，德国	潜在可调整	6.3.2 & 9
鱼和水蚤毒性仪	bbe moldaenke，德国	潜在可调整	6.3.2 & 9
Lumitox®	Lumitox Gulf L.C.	潜在可调整	6.3.2 & 9
HazMatID™	SensIR	潜在可调整	6.3.3 & 9
X射线荧光	ITN	潜在可调整	6.3.4
SABRE 4000	Smiths Detection	潜在可调整	6.3.5 & 9
HAZMATCAD™	Microsensor Systems Inc.（Bowling Green，KY）	潜在可调整	6.3.7 & 9
Cyranose 320	Cyrano™–Smiths Detection	潜在可调整	6.3.8 & 9
Nosechip™	Cyrano™–Smiths Detection	潜在可调整	6.3.8 & 9
蚌生物监测	U. North Texas–EPA	新兴	6.4.1
基因改造斑马鱼	Great Lakes WATER Inst.	新兴	6.4.1
鱼生物监测系统	美国陆军环境健康研究中心	新兴	6.4.1

续表

产品	公司或者开发者	技术状态	章节
SOS Cytosensor	Adlyfe Inc.	新兴	6.4.2
便携式基于细胞的生物传感器	Gregory Kovacs at 斯坦福大学	新兴	6.4.2
便携式神经元微电子整列	美国海军研究室	新兴	6.4.2
Dicast®	Optical Security Sensing Optech Ventures LLC	新兴	6.4.3
光纤	Great Lakes WATER Inst.	新兴	6.4.3
MicroDMx™	Sionex	新兴	6.4.4
基于SAW的传感器	PNNL	新兴	6.4.5
微电子机械声波化学传感器	SNL	新兴	6.4.5
Micro-ChemLab CB™	SNL	新兴	6.4.5
S-CAD	Science Applications International Corporation	新兴	6.4.5
表面增强拉曼	Real-Time Analyzers	新兴	6.4.6
微生物			
Bio-HAZ™	EAI Corporation	可获取	7.2.1 & 9
SMART™ Tickets	New Horizons Diagnostics	可获取	7.2.1 & 9
生物威胁报警（BTA）	Tetracore	可获取	7.2.1 & 9
BADD	ADVNT	可获取	7.2.1 & 9
RAMP	Response Biomedical Corporation	可获取	7.2.1 & 9
AMSALite™	Antimicrobial Specialists and Associates Inc.	可获取	7.2.2 & 9
连续流量ATP检测器	BioTrace International	可获取	7.2.2 & 9
WaterGiene™	Charm Sciences Inc.	可获取	7.2.2 & 9
Profile™-1（using Filtravette™）	New Horizons Diagnostic Corp.	可获取	7.2.2 & 9
Microcyte Aqua and Microcyte Field®	BioDetect	可获取	7.2.3

续表

产品	公司或者开发者	技术状态	章节
微流成像	Brightwell Technologies	可获取	7.2.3
BioSentry	LXT/JMAR	潜在可调整	7.2.4 & 9
光散射技术	Rustek Inc.	潜在可调整	7.2.4 & 9
RAPTOR™	Research International（NavalRL）	潜在可调整	7.3.1 & 9
xMAP® / 自动病原体检测系统（APDS）	Luminex and LLNL	潜在可调整	7.3.2 & 9
RapiScreen™	Celsis–Lumac	潜在可调整	7.3.3 & 9
BioFlash™	Innovative Biosensors	潜在可调整	7.3.4
Smart Cycler XC System	Cepheid	潜在可调整	7.3.5 & 9
HANAA	Cepheid	潜在可调整	7.3.5 & 9
TIGER	Ibis	潜在可调整	7.3.5 & 9
RAZOR	Idaho Technologies	潜在可调整	7.3.5 & 9
坚固高级的病原体识别设备（RAPID）	Idaho Technologies	潜在可调整	7.3.5 & 9
Bio–Seeq™	Smiths Detection	潜在可调整	7.3.5 & 9
PathAlert™	Invitrogen	潜在可调整	7.3.5
BOSS	Georgia Tech	潜在可调整	7.3.6
Spreeta™	Nomadics	潜在可调整	7.3.7 & 9
M1M	BioVeris	潜在可调整	7.3.8
Meso Scale cartridge reader	Meso Scale Defense	新兴	7.3.8
定量侧流化验（QLFA）	NASA	新兴	7.4.1
Qdot™	Quantum Dot Co. /EPA research project	新兴	7.4.2
Upconverting Phosphor Technology™	SRI International–OraSure Technologies	新兴	7.4.2
DynaBeads®	Dynal	新兴	7.4.3
BEADS	PNNL	新兴	7.4.4
Doodlebug	Biopraxis	新兴	7.4.5

产品	公司或者开发者	技术状态	章节
Doodlebug	Biopraxis	新兴	7.4.5
Sen-Z	CombiMatrix	新兴	7.4.6
MAGIChip	Argonne/DARPA	新兴	7.4.7
磁珠阵列计数BARC	Naval Research Lab	新兴	7.4.8
GeneChip	Affymetrix	新兴	7.4.9
VeriScan™ 3000	Protiveris	新兴	7.4.10
Bio-Alloy™	IatroQuest Corporation	新兴	7.4.11
电子味觉芯片	University of Austin John T.McDevitt	新兴	7.4.12
分子打印聚合体		新兴	7.4.13
磁致弹性传感器	Grimes Group	新兴	7.4.14
放射性			
SSS-33-5FT	Technical Associates	可获取	8.2 & 9
SSS-33DHC	Technical Associates	可获取	8.2 & 9
SSS-33DHC-4	Technical Associates	可获取	8.2 & 9
SSS-33M8	Technical Associates	可获取	8.2 & 9
MEDA-5T	Technical Associates	可获取	8.2 & 9
3710 RLS Sampler	Teldyne Isco	可获取	8.2 & 9
LEMS-600	Canberra	潜在可调整	8.3 & 9
OLM-100 Online Liquid Monitoring System	Canberra	潜在可调整	8.3 & 9
ILM-100	Canberra	潜在可调整	8.3 & 9
GammaShark™	Clarion Systems	新兴	8.4
Online real-time alpha radiation detection instrument	DOE, now Los Alamos National Laboratory	新兴	8.4
Groundwater radiation detector	PNNL	新兴	8.4
Thermo Alpha Monitor	Thermo Power Corp	新兴	8.4

附录D　美国水工程协会基金会资助的预警系统和其他可用研究项目简介

名字	项目描述	合同方和项目经理	调查者	完成时间
在线监测应用	把成功的在线监测操作和与识别操作、维护和校准需要遇到的问题都整理成文档。聚焦于现有的问题如下： ●缺乏样品处理系统的设计（样品线的插拔） ●结果的不确定性和缺乏可实施的质量保证 ●对设备不恰当的使用导致误导信息	McGuire 环境咨询公司项目经理：Ryan Ulrich	9个参与组织见网站	8/15/2001 2004年年末出版
预警系统和预测源水监测系统设计	研发预警系统和源水监测系统用于实时污染物监测。这些系统允许操作者预测水质事件以及其后的处理过程，本研究展示了一个综合系统要考虑饮用水配水系统的所有部件应该被吸收到设计和运作预警系统。一个主要的目的是，用于Ohio河流的一维的溢流模型也可以容易地适合其他大范围的河流。此外，设计和运行预警系统的方法要考虑系统的高度变化性、许多方面或自然性质已被研发和展示	Walter Grayman咨询工程师和密歇根大学项目经理：Albert Ilges	EPA和五个其他参加组织见网站	1/1/2002 2001年出版

续表

名字	项目描述	合同方和项目经理	调查者	完成时间
饮用水工厂在线监测	AwwaRF和意大利研究组织CRS-PROAQUA认识到饮用水工业需要广泛的资源，在线监测技术和发起本项目来写这样一个出版物。提供关于物理、无机、有机和在线设备过程方面的科学的实践和参考信息。当然也包括数据处理、案例研究、和新兴在线技术的信息。在识别基础之上的分析方法包括在《水和废水的标准检查方法》（1998）之中	AwwaRF研究基金和CRS PROAQUA （意大利）	Azienda Mediterranea Gas e Acqua Spa	2002年出版
以实践为基础的用于集水区的病原体监测策略研发	将研发和确认在集水区中采样点位置选择、频率、精确描述病原体发生和变化对不同原水的关系的策略，其时间是在暴雨中或者暴雨后、二聚水分子以及图示的使用事件中	马萨诸塞州里大学 项目经理：Linda Reekie	EPA和大城市区委员会	38716
隐孢子虫实时在线监测方法评估	本项目是寻找研发一个更友好的实时连续在线监测方法。MALS技术被发现作为预警工具是有用的，用于快速检测大尺度水污染爆发。因为他能评判隐孢子虫卵囊检测限。MALS能区分卵囊的不同物理状态，包括被臭氧或者热处理的卵囊或者是从活着的未处理的卵囊中脱囊出来。本项目测试的技术有潜力对饮用水工业的饮用水配水系统监测、最优处理、最终用户保护和监测、支流监测和原水选择方面产生影响	Point Source Technologies, Inc., And Metropolitan Water District of Souther California（LA） 项目经理：Misha Hasan		12/1/2004 2004年出版

续表

名字	项目描述	合同方和项目经理	调查者	完成时间
水服务规定的传统和非传统方法	当一些和特别污染物和规定相关的非常规的选择已被仔细检查的时候，未来的监管事态还没有被考虑进来。非常规方法可能更有成本有效，并能满足新的严格标准。本项目将对比常规和非常规水质处理和配水以提供给客户有质量的水，包括POU和POE设备、小的临近系统和瓶装水。包括资本成本、操作和维护成本、满足健康标准的能力以及美学质量目标。将考虑和选择，长期稳定性和实施工程相关的风险。将取得严格的未来监管情形，并满足消费者对高质量和美学舒服的饮用水	Stratus Consulting Inc. 项目经理： India Williams	加利福利亚当地水管理局	3/15/2004 2005年出版
在美学议题上的水厂自我评价	美学质量上的缺乏标准可能是许多水厂没有积极的，常规性分析水的味道和嗅觉的原因。尽管AwwaRF已经发布了大量的关于味道和嗅觉的控制指示，但是很多都没有广泛应用，也没有在这些事件中提供通信指引。自我评价项目已经在AWWA的安全的水质量服务和伙伴关系中了，这些项目仅仅关注了水厂生意的处理组件，这些项目可以用作发展在美学议题上的自我评价模型。为水厂在以下三个方面提供指引：识别潜在的和真正的味道嗅觉问题；在有问题发生时管理味道嗅觉问题；在味道嗅觉问题出现时候沟通水厂和公众	McGuire Environmental Consultants, Inc. 项目经理： Albert Ilges		7/31/2003 2004年出版
创新的水质预警监测系统	将研发和评估新的，或者创新的系统用于快速检测水中化学（某个或者某类）、辐射、病原体和神物毒性，其目的是帮助这些系统更切实可行地用于饮用水社区	Kiwa N.V. 项目经理： Ryan Ulrich		9/1/2004 将由KIWA出版

续表

名字	项目描述	合同方和项目经理	调查者	完成时间
在供水系统中快速检测生物恐怖制剂	将研发和评估新的或者创新的系统用于快速检测水中化学（某个或者某类）、辐射、病原体和神物毒性，其目的是帮助这些系统更切实可行地用于饮用水社区	辛辛那提大学项目经理：Ryan Ulrich	伙伴：EPA参与者：辛辛那提大学、EPA.辛辛那提水厂	
DNA微整列技术应用于水中病原体检测和基因型分离	研发普遍的、包括不同病原体群之间自然差别的方法，在大体积水样中检测某类低浓度病原体群的时候需要浓缩样品，需要移除浓缩水样中的干扰因素，以及对终点检测方法的独立配置的标准化都有困难。本项目将设计DNA微阵列作为终点检测器来同时测试几个特征明显的有害基因型比如 *E. coli* O157:H7和隐孢子虫	Battelle西北太平洋实验室项目经理：Misha Hasan		2005完成
小孢子虫目的分子学检测方法（MMMD）	将评估在水中自动萃取方法和实时的PCR阵列检测小孢子虫目的适应性。原水样品将被接种小隐孢子虫目，提供测试样描述化验性能的特征。该化验将最优化，提供低的可能检测限、效率和再现性	亚利桑那州南部退伍军人医疗保健管理局亚利桑那大学项目经理：Alice Fulmer	SAVAHCS/BRFSA亚利桑那州立大学CHD诊断和质询服务公司	2005完成
预警（实时）系统的生物制剂萃取方法	将筛选3~5种不同的生物制剂萃取方法。本项目将研发便携的水质监测器，更好的手持，能够实时监测所有的有害物质，并没有假阳性	新墨西哥州立大学项目经理：Misha Hasan	伙伴：DOD参与者：美国开垦局	2005完成
水厂脆弱性评估课程学习结果	获取用于大型饮用水厂脆弱性评估信息交换的学习课程，提供论坛	Sandia国家实验室项目经理：Frank Blaha		12/1/2003
饮用水配水系统紧急响应工具案例研究	评估在不同水厂，用于监测饮用水配水系统的管线网、饮用水配水系统的模型工具（水厂使用，并免于EPA指责）的可行性和适应性	科学应用国际公司项目经理：Frank Blaha	EPA	5/31/2003 2003年出版

续表

名字	项目描述	合同方和项目经理	调查者	完成时间
革新的安全含义和非传统的水供应选择	给水厂提供现在或者将来考虑水供应服务选择，同时有源自安全的评估。帮助水厂评估和计划使用瓶装水、POU和其他方法的短期紧急响应选择（见项目#2761）	Stratus Consulting Inc. 项目经理：India Williams	4个参与组织见网页	2003年完成
灾难响应，恢复和水厂的商业计划继续	紧急管理计划包括四个重要的功能：计划，危机管理，结果管理，减轻影响。好的准备将减少破坏和财务损失，缩短恢复时间，提高公信力。如果水厂和利益相关方联合进行了灾难响应、商业计划持续，并进行了日常训练，那么面对灾难时的响应和恢复能力会极大提高	Stratus Consulting Inc. 项目经理：India Williams	EPA和其他21个参与方。见网页	2006年完成
饮用水配水系统中的脆弱点	通过决定可能的干扰点，识别典型饮用水配水系统中的脆弱点。创建和标记故意污染饮用水系统的结果合理情景。研究和建议减少饮用水配水系统中关键因子和非关键因子的脆弱性	经济和工程服务公司 项目经理：Frank Blaha	USEPA和9个其他参与组织	2005年完成
SCADA系统的计算机安全	管理控制和数据获取系统（SCADA）正日益受到黑客侵入的影响。气体技术研究所（GTI）在1999年推荐气体工业采取数字加密标准（DES），RSA公众钥匙法，Diffie-Hillman数字产生算法作为合适的算法。计算机侵入保护包括防止侵入者通过聆听端口来研究系统、改变授权命令来执行非授权操作、执行非授权命令。也可能防止冒充非授权操作的单个侵入	气体技术研究所 项目经理：Frank Blaha	气体技术研究所 TSWG EPRI 芝加哥水管理局	2005年完成
生物制剂实时预警系统的浓缩方法	将研发在3h内通过缩短浓缩步骤，高效率（重性为60%~70%）的大体积浓缩生物制剂方法。本项目将在DOD的联合服务水监测（JSAWM）的基础上建立起来	牛津纪念研究中心 项目经理：Misha Hasan	CDC的寄生虫疾病部门	2006年完成

续表

名字	项目描述	合同方和项目经理	调查者	完成时间
在饮用水配水系统中，设备（评估饮用水中微生物污染广度的）的使用要点	本项目将要决定在生物恐怖袭击时候，使用POU饮用水设备识别污染物、污染物扩散以及公众健康影响的的可行性。现有去除污染物POU设备性能由独立组织管理的、可靠的测试制度下进行性能验证测试；但没有对其减少生物化学试剂破坏的效率进行验证测试。有几个项目已经研究了通过果壳颗粒活性炭的细菌浓缩技术，将是本研究的起点。一些使用纤维过滤的标准方法来浓缩大体积水样中的微生物。本研究目的是更好地认识污染物在饮用水配水系统中输送的模式	新墨西哥周立大学项目经理：Misha Hasan	CDC/DPD	2006年完成
在饮用水配水系统中评估和提高水质采样项目	从饮用水配水系统采样和监测网络中收集数据，通常在检测和诊断重要的水质变化时使用有限。本项目将研发方法和工具帮助水厂科学的评估现有采样计划和提高他们。本项目将会包括研程程序和诊断方法来确认多个目的和益处	Malcolm Pirnie有限公司 项目经理：My–Linh Nguyen	EPA	2007年完成
在线饮用水配水系统监测的数据处理和分析	需要研究数据处理方法，区分饮用水配水系统的正常波动，和不可接受的水质变化趋势和事件相关的模式。本项目将研发一主要数据处理方法，帮助水质管理者和水系统操作者来检测非正常在线监测数据模式	CSIRO（科学团体和工业研究组织）项目经理：My–Linh Nguyen		2007年完成
饮用水配水系统中的水质模型	将研发完整的、分层的模型系统，描述决定管道系统中水质基本过程，模拟整个网络中水质的时空变化	UKWIR 和UK工程物理科学研究委员会 项目经理：Jian Zhang		2007年完成

续表

名字	项目描述	合同方和项目经理	调查者	完成时间
水厂和污水处理厂的电脑和自动化系统的安全措施	将识别、组织、排序和描述最有可能的电子安全威胁，各种安全弱点相关的风险；防治非授权的和蓄意的攻击技术；为数据通信准备安全稳定的基础设施选择；每种可用的安全数据通信选择技术的最优执行实践，以及不确定性的临界领域。将为被证明可行的水厂和污水处理厂的技术归档。也会为现有的数据通信和安全运行技术选择归档。可选技术的可行性展示还没有使用，每一个消除安全弱点的解决方案的有效性没有获得	EMA 公司项目经理：India Williams	水环境研究基金会（WERF）	2006年完成
与当地政府和社区的紧急联系	将研究和提供书面和口头的信息陈述，用于公众部门（水厂和污水处理厂）和被选举官员和公众沟通灾难，以及灾难报警。将包含行动计划和提升公众对潜在公众健康分享的知晓度以及合适的应对	项目经理：Frank Blaha	水环境研究基金会（WERF）	2007年完成
饮用水配水系统安全决策支持系统	为公共事业部门提供和对饮用水配水系统相关的生态毒性袭击，以及这类袭击的检测和减弱成本效率方法相关的，广阔而持续的基础知识	Charleston（S.C）公众设施委员会项目经理：Frank Blaha	科罗拉多州立大学高级数据挖掘	2007年完成，需要特别的协议公开
供水系统安全保卫的预警系统传感器整合项目	将整合传感器和预警系统研究，提升研究的益处和成本效率。将包括下面8个研究： ● 使用UV探测器在线监测 ● 使用在线HPLC和GC分析检测有机污染物 ● 水蚤和斑马鱼联合监测仪 ● 污染物的胆碱酯酶抑制检测 ● 有机微污染物的化学光度传感器检测的可行性研究 ● 现场传感器、包含单个和多个传感器的数据处理和检测系统技术、跟随报警程序的黏度研发报告 ● 污染过后的网络清理策略 ● 在传感器研发和应用方面探索联合出资和合作的机会	项目经理：Frank Blaha	KIWA NV水质研究会	
消费者投诉数据和在线水质数据整合作为预警系统的先导研究	从事一个联合先导研究项目，整合消费者投诉和在线水质数据到预警系统中。将包括8~10个大中等尺度的公共事业部门，涵盖地理配水和原水（地表水和地下水）	弗吉利亚理工州立大学项目经理：India Williams	美国水厂联合会	

尾注(包括参考的网站)

http://cfpub.epa.gov/safewater/watersecurity/home.cfm?program_id=91

http://www.epa.gov/safewater/watersecurity/pubs/action_plan_final.pdf

http://www.whitehouse.gov/news/releases/2004/02/20040203-2.html

http://www.whitehouse.gov/homeland/book/

http://www.whitehouse.gov/4 news/releases/2004/02/20040203-2.html

http://www.epa.gov/ordnhsrc/index.htm

http://www.epa.gov/etv/

http://www.epa.gov/ordnhsrc/news/news031005.htm

http://www.ewrinstitute.org/wisesc.html

http://www.epa.gov/safewater/security/index.html

http://cfpub.epa.gov/safewater/watersecurity/home.cfm?program_id=8#response_
toolbox

http://cfpub.epa.gov/safewater/watersecurity/home.cfm?program_id=9

http://www.epa.gov/safewater/watersecurity/pubs/action_plan_final.pdf

http://www.epa.gov/ordnhsrc/pubs/fsTTEP031005.pdf

http://www.awwa.org/conferences/congress

http://www.awwa.org/education/seminars/index.cfm?SemID=47

http://www.ewrinstitute.org/wisesc.html

http://www.infocastinc.com/tech/rapid.html

http://www.who.int/csr/delibepidemics/en/chapter3.pdf

http://www.who.int/csr/delibepidemics/biochemguide/en/index.html

http://www.verdeit.com/VPages/SpiralDev.htm

http://www.aoac.org

http://www.stowa-nn.ihe.nl/Summary.pdf

http://www.verdeit.com/VPages/SpiralDev.htm

http://www.aoac.org

http://www.stowa-nn.ihe.nl/Summary.pdf 19

http://www.epa.gov/ORD/NRMRL/wswrd/distrib.htm#Table%202.0%20

Proposed%20DSS

http://www.hydrarms.com/brochurepdf.pdf

http://www.waterindustry.org/Water-Fact/Hach-1.htm

http://www.tswg.gov/tswg/news/2004TSWGReviewBookHTML/ip_p18.htm

http://www.epa.gov/etv/pdfs/vrvs/01_vr_eclox.pdf

http://www.quotec.ch/services/qeclox.htm

http://www.wateronline.com/content/Downloads/SoftwareDesc.asp?DocID=

{13C2390F-C9B1-4362-A1F0-4C3BDDD04B97}

http://www.randox.com/products.asp

http://www.epa.gov/etv/verifications/vcenter1-27.html

http://www.checklight.co.il/pdf/manuals/ToxScreen-Ⅱ%20manual.pdf

http://www.epa.gov/etv/pdfs/vrvs/01_vr_toxscreen.pdf

http://www.hidex.com/index.php?a=4&b=12&c=12

http://www.epa.gov/etv/pdfs/vrvs/01_vr_biotox.pdf

http://www.azurenv.com/dtox.htm

http://www.epa.gov/etvprgrm/pdfs/vrvs/01_vr_deltatox.pdf

http://www.epa.gov/etv/pdfs/vrvs/01_vr_microtox.pdf

http://www.epa.gov/etv/pdfs/vrvs/01_vr_toxtrak.pdf

http://polyseed.com/html/polytox.htm

http://www.epa.gov/etv/pdfs/vrvs/01_vr_polytox.pdf

http://www.mosselmonitor.nl/

http://www.biomon.com/biosenso.html

http://www.sparksdesigns.co.uk/biopapers04/papers/bs171.pdf

http://abstracts.co.allenpress.com/pweb/pwc2004/document/?ID=42895

http://www.alga.cz/mk/papers/bios_02.pdf

http://www.lab-bell.com/main.jsp?c=/content/gestiondeseaux_en.html&g=left_
produits_en.html&l=en

http://www.lab-bell.com/main.jsp?c=/news/new.jsp&n_id=30&l=en

http://www.alga.cz/mk/papers/bios_02.pdf

http://www.mitoscan.com/Applications.htm

http://www.mitoscan.com/technol.htm

http://www.detect-water-terrorism.com/

http://www.epa.gov/etv/pdfs/vrvs/01_vr_aqua_survey.pdf

http://www.bbe-moldaenke.de/

http://www.bbe-moldaenke.de/

http://www.bbe-moldaenke.de/

http://www.lumitox.com/bioassay.html

http://www.dewailly.com/LUMITOX/lumitox.html

http://www.bioinfo.com/dinoflag.html

http://www.smithsdetection.com/PressRelease.asp?autonum=25&bhcp=1

http://www.sensir.com/newsensir/Brochure/ExtractIR%20Product%20Note.pdf

http://www.hazmatid.com/

http://www.itnes.com/

http://cfpub.epa.gov/ncer_abstracts/index.cfm/fuseaction/display.abstractDetail/abstract/7477/report/0

http://www.etgrisorse.com/pubblicazioni/contamination.PDF

http://pms.aesaeion.com/ionpro/Products/theory

http://www.chemistry.org/portal/a/c/s/1/feature_ent.html?id=7635201a690a11d7f2a16ed9fe800100

http://www.emedicine.com/emerg/topic924.htm#section~ion_mobility_spectroscopy

http://www.smithsdetection.com/prodcat.asp?prodarea=Life+sciences&bhcp=1

http://www.smithsdetection.com/prodcat.asp?prodarea=Life+sciences&bhcp=1

http://www.healthtech.com/2003/mfl/index.asp

http://www.memsnet.org/mems/what−is.html

http://www.memsnet.org/mems/beginner/

http://www.biochipnet.com/EntranceFrameset.htm

http://www.nano.gov/index.html

http://www3.sympatico.ca/colin.kydd.campbell/

http://www.sensorsmag.com/articles/1000/68/main.shtml

http://www.microsensorsystems.com/index.html

http://www.army−technology.com/contractors/nbc/microsensor_systems/

http://media.msanet.com/NA/USA/PortableInstruments/ToxicGasandOxygenIndicators/HazmatcadAndPlus/HazmatcadProductAnnounce.pdf

http://www.raeco.com/products/toxicagents/hazmatcad.pdf#search='HAZMATCAD'

http://hld.sbccom.army.mil/downloads/reports/hazmatcad_detectors_addl_info.pdf

http://www.smithsdetection.com/PressRelease.asp?autonum=12&bhcp=1

http://www.ias.unt.edu/~jallen/littlemiami/Clam_Page.html

http://www.ias.unt.edu/~jallen/clampage.html

http://www.uwm.edu/Dept/GLWI/cws/projects/carvan.html

http://usacehr.detrick.army.mil/aeam/Methods/Fish_Bio/

http://www.adlyfe.com/adlyfe/home.html

http://www.nrl.navy.mil/content.php?P=04REVIEW118

http://www.uwm.edu/Dept/GLWI/cws/

http://www.optech-ventures.com/products.htm

http://www.intopsys.com/markets_brochures/Continuous-CableFOCSensor.pdf

http://www.sionex.com/technology/index.htm

http://www.saic.com/products/security/pdf/S-CAD.pdf

http://www.saic.com/products/security/s-cad/

http://www.sandia.gov/media/acoustic.htm

http://www.isa.org/Content/ContentGroups/InTech2/Features/20012/2001_October/
Surface_acoustic_waves_to_the_mission_control/Dangerous_chemicals_in_acoustic_
wave_sensorsandNum82 17;_future.htm

http://www.sandia.gov/mstc/technologies/microsensors/flexural.html

http://www.sensorsmag.com/articles/1000/68/index.htm

http://www.ca.sandia.gov/chembio/factsheets/chemlab_chemdetector.pdf

http://www.sandia.gov/water/projects/ChemLab.htm

http://www.sandia.gov/water/FactSheets/WIFS_SensorDevNew.pdf

http://www.ca.sandia.gov/chembio/tech_projects/detection/chemlab_gas.html

http://www.ca.sandia.gov/chembio/tech_projects/detection/chemlab_liquid.html

http://www.mdl.sandia.gov/mstc/technologies/microsensors/chem.html

http://www.oit.doe.gov/sens_cont/pdfs/annual_0602/robinson.pdf

http://www.ca.sandia.gov/chembio/tech_projects/detection/factsheets/chemlab-biodetector2.pdf

http://www.ca.sandia.gov/chembio/microfluidics/index.html

http://www.ca.sandia.gov/news/2003-news/031110news.html

http://www.ca.sandia.gov/chembio/tech_projects/detection/factsheets/famebrochure.

pdf

http://www.nanodetex.com/index.html

http://www.ca.sandia.gov/news/2004_news/120704Mercury.html

http://cfpub.epa.gov/ncer_abstracts/index.cfm/fuseaction/display.abstractDetail/

abstract/7487/report/0

http://www.medical-test.com/product119/product_info.html

http://www.pall.com/OEM_4154.asp

http://cfpub.epa.gov/ncer_abstracts/index.cfm/fuseaction/display.abstractDetail/

abstract/7487/report/0

http://www.medical-test.com/product119/product_info.html

http://www.pall.com/OEM_4154.asp

http://www.idmscorp.com/pregnancytest.html

http://www.qdots.com/live/upload_documents/wQDVOct03_pg8-9.pdf

http://www.tetracore.com/products/domestic.html

http://www.nhdiag.com/index.htm

http://www.e 106 aicorp.com/products_sca_bh.htm

http://www.baddbox.com/

http://www.osborn-scientific.com/PDF/Positive_test_for_terror_toxins_in_Iraq.htm

http://www.responsebio.com/pdf/summaryanthrax_aug02.pdf

http://user.fundy.net/pjwhalen/adenosinetriphosphate.html

Biosensors & Food Safety Diagnostics （Paul S. Satoh Neogen Corporation March

1，2004）

http://www.celsis.com/products/pdfs/cels0150.pdf

http://www.amsainc.com/atp.asp

http://www.amsainc.com/atp-numbers.asp

http://www.amsainc.com/atp−numbers.asp

http://www.charm.com/pdf/400−6505−503−300−01_WaterG.pdf

http://www.biotrace.com/content.php?hID=2&nhID=16&pID=16

http://www.geneq.com/catalog/en/profile−1.htm

http://www.bio.umass.edu/micro/immunology/facs542/facsprin.htm

http://pcfcij.dbs.aber.ac.uk/aberinst/mcytmain.html

http://www.biodetect.biz/products/mc.shtml

http://www.biodetect.biz/products/MC.pdf

http://www.biodetect.biz/applications/app303.pdf

http://www.brightwelltech.com/pdf_files/Micro−Flow_Imaging.pdf

http://www.brightwelltech.com/applications/app_notes/wtp.php

"JMAR Technologies，Inc. Plans Launch of Laser−Based Early−Warning System
to Detect Microorganisms in Water Supplies" JMAR Technologies，Inc. Press Release.

http://biz.yahoo.com/bw/040621/215346_1.html

ETV Technology Profile: On−Line Turbidimeters

http://www.epa.gov/etv/pdfs/techprofile/01_turbid.pdf

AwwaRF #2720: Continuous Monitoring Method for Crytpotsporidium （abstract
from website）

http://www.awwarf.com/research/TopicsAndProjects/projectSnapshot.aspx?pn=2720

http://www.connect.org/members/april.htm

http://www.awa.asn.au/news&info/news/26jan03.asp

"JMAR Technologies, Inc. Plans Launch of Laser–Based Early Warning System to Detect Microorganisms in Water Supplies" JMAR Technologies, Inc. Press Release.

http://www.shu.ac.uk/scis/artificial_intelligence/IntelMALLS.html

http://www.shu.ac.uk/scis/artificial_intelligence/biospeckle.html

http://www.nrl.navy.127   mil/pressRelease.php?Y=2004&R=26–04r

http://www.resrchintl.com/pdf/spie_wqm.pdf

http://www.resrchintl.com/product_bibliography_source.htm

http://www.resrchintl.com/raptor.html

http://www.resrchintl.com/pdf/raptor_2%20.pdf

http://www.luminexcorp.com/01_xMAPTechnology/08_Tutorials/How_xmap_works

http://www.luminexcorp.com/01_xMAPTechnology/02_Applications/01_index.html

http://www.ncbi.nlm.nih.gov/entrez/query.fcgi?cmd=Retrieve&db=pubmed&dopt=Abstract&list_ uids=15228315

http://www.celsis.com/products/pdfs/cels0158.pdf

http://www.celsis.com/products/products_dairy.php

"JMAR Technologies, Inc. Plans Launch of Laser–Based Early Warning System to Detect Microorganisms in Water Supplies" JMAR Technologies, Inc. Press Release.

http://www.shu.ac.uk/scis/artificial_intelligence/IntelMALLS.html

http://www.shu.ac.uk/scis/artificial_intelligence/biospeckle.html

http://www.nrl.navy.127 mil/pressRelease.php?Y=2004&R=26–04r

http://www.resrchintl.com/pdf/spie_wqm.pdf

http://www.resrchintl.com/product_bibliography_source.htm

http://www.resrchintl.com/raptor.html

http://www.resrchintl.com/pdf/raptor_2%20.pdf

http://www.luminexcorp.com/01_xMAPTechnology/08_Tutorials/How_xmap_works

http://www.luminexcorp.com/01_xMAPTechnology/02_Applications/01_index.html

http://www.ncbi.nlm.nih.gov/entrez/query.fcgi?cmd=Retrieve&db=pubmed&dopt=A bstract&list_ 129 uids=15228315

http://www.celsis.com/products/pdfs/cels0158.pdf

http://www.celsis.com/products/products_dairy.php

http://www.vectech.com/newsletters/2003/November_Newsletter.pdf

http://www.innovativebiosensors.com/overview.htm

http://www.innovativebiosensors.com/tech.htm

http://www.idahotec.com/rapid/index.html

http://www.idahotech.com/pdfs/RAPID_pdfs/ETV%20Report-RAPID-short-release.pdf

http://www.idahotech.com/pdfs/RAPID_pdfs/SocietyScopeV6.3.pdf

http://www.defenseindustrydaily.com/2005/05/jbaids-a-step-forward-for-bioweapon-detection/index.php

http://www.idahotec.com/razor/index.html

http://stm2.nrl.navy.mil/~lwhitman/pdfs/nrlrev2001_BARC.pdf

http://www.smithsdetection.com/product.asp?product=Bio%2DSeeq&prodgroup=Bio %2DSeeq&

prodcat=Biological+Agent+Detection&prodarea=Trace+detection&division=Detection

http://www.the-scientist.com/asp/Registration/login.asp?redir=http://www.the-scientist.com/yr2003/May/lcprofile_030505.html

http://www.wrenwray.com/images/pdf/CEPHEIDA.PDF

http://news.moneycentral.msn.com/ticker/sigdev.asp?Symbol=CPHD&PageNum=1

http://www.chem.agilent.com/Scripts/PCol.asp?lPage=50

http://www.securitypronews.com/news/securitynews/spn-45-20050407

InvitrogenandAgilent TechnologiesToCoMarketPathAlertDetectionSystem.html

http://www.ibisrna.com/

http://www.robodesign.com/tiger2.shtml

http://www.micro.uiuc.edu/boss/bossframes.htm

http://www.darpa.mil/mto/optocenters/presentations/cheng.pdf#search='Georgia%20

Tech%20BOSS %20sensor%20system'

http://asl.chemistry.gatech.edu/research_ir-sensors-frame.html

http://gtresearchnews.gatech.edu/newsrelease/ESMART.html

http://asl.chemistry.gatech.edu/pdf-files/conference%20abstracts/Mizaikoff_

SIcon_031301.pdf# search='evanescent%20field%20sensor'

http://www.cpac.washington.edu/~campbell/projects/spr.html

http://www.photonics.com/spectra/features/XQ/ASP/artabid.745/QX/read.htm

http://www.ee.washington.edu/research/denise/www/Lab/files/mike_spr_final.ppt

http://www.bitc.unh.edu/annual.reports/2004BITCfactsheet.pdf

http://www.aigproducts.com/surface_plasmon_resonance/spr_considering.htm

http://www.aigproducts.com/surface_plasmon_resonance/spr_evaluation_module.

htm

http://www.nomadics.com/products/spr3/

http://www.aigproducts.com/surface_plasmon_resonance/spr.htm

http://www.stanford.edu/~bohuang/Research/Anal%20Chem%202002.pdf

http://www.bioveris.com/technology.htm

http://www.mesoscaledefense.com/technology/ecl/diagram.htm

http://www.mesoscaledefense.com/technology/ecl/walkthrough.htm

http://www.sbs-archi.org/02pres/Umek.pdf

http://www.bioveris.com/products_services/life_sciences/instrumentation/

m1manalyzer.htm

http://www.biospace.com/news_story.cfm?StoryID=17104620&full=1

http://us.diagnostics.roche.com/press_room/2003/072403.htm

http://www.mesoscaledefense.com/coming_soon.htm

http://spaceresearch.nasa.gov/general_info/homeplanet.html

http://www.qdots.com/live/upload_documents/wQDVOct03_pg8−9.pdf

http://www.qdots.com/live/render/content.asp?id=47

http://www.qdots.com/live/render/content.asp?id=87

http://www.bio-itworld.com/archive/021804/horizons_dot.html

http://www.sciencenews.org/articles/20030215/bob10.asp

http://www.sciencedaily.com/releases/2002/11/021127071742.htm

http://www.eurekalert.org/pub_releases/2004−06/uosc−qds061404.php

http://www.smalltimes.com/document_display.cfm?document_id=3811

http://www.llnl.gov/str/Lee.html

http://www.epa.gov/OGWDW/methods/current.html

http://www.bravurafilms.com/projects/projectrep/phosphors.html

http://www.orasure.com/products/default.asp?cid=10&subx=4&sec=3

http://www.sri.com/news/releases/02−17−98.html

http://www.sri.com/rd/chembio.html

http://www.orasure.com/products/prodsubarea.asp?cid=1&pid=126&sec=3&subsec=4

http://www.sri.com/rd/chembio.html

http://www.nanobioconvergence.org/speakers.aspx?ID=33

http://www.orasure.com/products/prodsubarea.asp?cid=2&pid=126&sec=3&subsec=4

http://www.dynal.net/

http://www.technet.pnl.gov/sensors/biological/projects/ES4BEADS−Sys.stm

http://www.pnl.gov/breakthroughs/win−spr02/special3.html#biothreat

http://www.chem.vt.edu/chem−ed/spec/vib/raman.html

http://en.wikipedia.org/wiki/Raman_spectroscopy

http://www.iwaponline.com/wio/2003/04/wio200304WF00HHE8UR.htm

http://www.deltanu.com/companyinfo.htm

http://www.chemimage.com/products/

http://www.combimatrix.com/news_NBCKing5Aug04.htm

http://www.combimatrix.com/products_biothreat.htm

http://www.promega.com/geneticidproc/ussymp11proc/content/llewellyn.pdf

http://www.eurekalert.org/features/doe/2003−11/dnl−lft031804.php

http://www.foresight.org/conferences/MNT8/Abstracts/Colton/

http://stm2.nrl.navy.mil/~lwhitman/pdfs/nrlrev2001_BARC.pdf

http://stm2.nrl.navy.mil/~lwhitman/pdfs/Rife_Sensors_Actuators_A_published.pdf

http://www.gwu.edu/~physics/colloq/miller.htm

http://www.affymetrix.com/technology/manufacturing/index.affx

http://www.dsls.usra.edu/meetings/bio2003/pdf/Biosensors/2149Stahl.pdf

http://www.sciencemag.org/feature/e−market/benchtop/biochips3_10_18_02.shl

http://www.eurekalert.org/features/doe/2003−11/dnl−lft031804.php

http://www.foresight.org/conferences/MNT8/Abstracts/Colton/

http://stm2.nrl.navy.mil/~lwhitman/pdfs/nrlrev2001_BARC.pdf

http://stm2.nrl.navy.mil/~lwhitman/pdfs/Rife_Sensors_Actuators_A_published.pdf

http://www.gwu.edu/~physics/colloq/miller.htm

http://www.affymetrix.com/technology/manufacturing/index.affx

http://www.dsls.usra.edu/meetings/bio2003/pdf/Biosensors/2149Stahl.pdf

http://www.sciencemag.org/feature/e−market/benchtop/biochips3_10_18_02.shl

http://www.protiveris.com/new/products_folder/veriscansystem.html

http://www.buscom.com/nanobio2003/session3c.html

http://pharmalicensing.com/news/headlines/1070473459_3fce20f35628c

http://www.memsnet.org/mems/what−is.html

182 http://www.iatroquest.com/En.htm

http://www.iatroquest.net/Linked%20Docs/IatroQuest%20Corporation%20Fact%20
Sheet%2004 0217−1334.pdf

http://www.cm.utexas.edu/mcdevitt/ET_Broch.pdf

http://www.cm.utexas.edu/mcdevitt/tastechip.htm

http://www.silsoe.cranfield.ac.uk/staff/apturner.htm

http://www.cranfield.ac.uk/ibst/ccst/mips/sensors.htm

http://www.scs.uiuc.edu/suslick/pdf/pressclippings/naturebiotech.0902−884.pdf

http://www.tekes.fi/ohjelmat/diagnostiikka/diag_esitykset/turner.pdf

http://www.ee.psu.edu/grimes/sensors/

http://www.isco.com/WebProductFiles/Product_Literature

http://www.isco.com/WebProductFiles/Product_Literature/201/Specialty_
Samplers?3710RLS_Radionuclide_Sampler.PDF

http://www.epa.gov/watersecurity/guide/radiationdetectionequipmentformonitori
ngwaterassets.html U.S. EPA，Radiation Detection Equipment for Monitoring Water
Assets，Water and Wastewater Security Product Guide

http://www.tech−associates.com/dept/sales/product−info/sss−33−5ft.html
Drinking Water Rad−Safety Monitor Model #SSS−33−5FT. Updated 1/31/2002.

http://www.tech−associates.com/dept/sales/product−info/meda−5t.html Updated in 2002.

http://www.isco.com/WebProductFiles/Product_Literature/201/Specialty_
Samplers?3710RLS_ Radionuclide_Sampler.PDF

http://www.tech-associates.com/dept/sales/product-info/sss-33dhc.html

http://www.tech-associates.com/dept/sales/product-info/sss-33m8.html

http://www.canberra.com/products/802.asp

http://www.canberra.com/products/803.asp

http://www.canberra.com/products/801.asp

http://www.clarionsensing.com/home.shtml

http://apps.em.doe.gov/ost/pubs/itsrs/itsr312.pdf

http://www.cpeo.org/techtree/ttdescript/alpharad.htm Last updated 10/2002.

http://www.technet.pnl.gov/sensors/nuclear/projects/ES4Tc-99.stm

http://www.epa.gov/watersecurity/guide/radiationdetectionequipmentformonitoringwaterassets.html

http://www-emtd.lanl.gov/TD/WasteCharacterization/Liquid Alpha Monitor.html

http://www.cfsan.fda.gov/~dms/fssupd72.html#grants

http://www.johnmorris.com.au/html/Mantech/titrasip.htm

http://www.hach.com/hc/search.product.details.invoker/PackagingCode=6950000/NewLinkLabel=Hach+Event+Monitor+Trigger+System/PREVIOUS_BREADCRUMB_ID=HC_SEARCH_

KEYWORD/SESSIONID|B3hNRFkwTlRRNE56RTROekVtWjNWbGMzUk5Sdz09QWxKYVZ6RQ==|

FBI/CDC June 2002　Evaluation of Hand-Held Immunoassays for Bacillus anthracis and Yersinia pestis

http://www.isco.com/Web Product Files/Product_Literature/201/Specialty_Samplers/3710RLS_Radionuclide_Sampler.PDF

http://www.dhs.gov/dhspublic/theme_home1.jsp

http://www.dhs.gov/dhspublic/display?theme=36

http://www.globalsecurity.org/security/library/policy/national/hspd-9.htm

http://www.epa.gov/etv/homeland/

http://www.dhs.gov/dhspublic/display?theme=38&content=4014&print=true

http://www.fcw.com/fcw/articles/2004/0419/web-scada-04-19-04.asp

http://www.dhs.gov/dhspublic/interapp/editorial/editorial_0359.xml

http://www.fas.org/man/dod-101/army/docs/astmp98/sec3k.htm

http://www.dtic.mil/whs/directives/corres/pdf2/d200012p.pdf

http://www.defenselink.mil/news/Sep2004/n09032004_2004090304.html

http://www.darpa.mil/index.html

http://www.darpa.mil/dso/thrust/biosci/biostech.htm

http://www.darpa.mil/dso/thrust/biosci/biosensor/enabtech.html

http://www.darpa.mil/mto/People/PMs/carrano_dtec.html

http://www.darpa.mil/dso/thrust/biosci/biostech.htm

http://www.darpa.mil/dso/thrust/biosci/biosensor/enabtech.html

http://www.darpa.mil/dso/thrust/biosci/biosensor/auburn_d.html

http://www.darpa.mil/dso/thrust/biosci/biosensor/auburn_i.html

http://www.darpa.mil/dso/thrust/biosci/biosensor/sandia.html

http://www.darpa.mil/dso/thrust/biosci/biosensor/rush_med.html

http://www.darpa.mil/dso/thrust/biosci/biosensor/argonne.html

http://www.darpa.mil/body/procurements/old_procurements/jan2000/mtojan00.html

http://www.nrl.navy.mil/content.php?P=ABOUTNRL

http://pubs.rsc.org/ej/CC/2000/b003185m.pdf

http://www.nrl.navy.mil/content.php?P=04REVIEW115

http://www3.interscience.wiley.com/cgi-bin/abstract/107061018/ABSTRACT

http://www.nrl.navy.mil/pao/pressRelease.php?Y=1996&R=26-96r

http://www.foresight.org/conferences/MNT8/Abstracts/Colton/

http://stm2.nrl.navy.mil/~lwhitman/pdfs/nrlrev2001_BARC.pdf

http://stm2.nrl.navy.mil/~lwhitman/pdfs/Rife_Sensors_Actuators_A_published.pdf

http://stm2.nrl.navy.mil/~lwhitman/pdfs/nrlrev2001_BARC.pdf

http://www.globalsecurity.org/wmd/facility/edgewood.htm

http://www.epa.gov/ordnhsrc/

http://water.usgs.gov/wicp/acwi/monitoring/conference/2004/conference_agenda_
links/power_points _etc/06_ConcurrentSessionD/90_Rm15_Vowinkel.pdf

http://www.ilsi.org/publications/pubslist.cfm?pubentityid=13&publicationid=268

http://water.usgs.gov/wicp/acwi/monitoring/conference/2004/conference_web_
agenda.html

http://water.usgs.gov/ogw/karst/kig2002/msf_development.html

http://www.mdl.sandia.gov/mstc/technologies/microsensors/techinfo.html

http://www.sandia.gov/sensor/noframes.htm

http://www.ca.sandia.gov/chembio/news_center/ST2002v4no3.pdf

http://www.ca.sandia.gov/news/2004_news/120704Mercury.html

http://www.llnl.gov/llnl/001index/02about−index.html 236

http://www.llnl.gov/sensor_technology/SensorTech_contents.html

http://www.ornl.gov/ornlhome/about.shtml

http://www.ornl.gov/info/ornlreview/rev29_3/text/biosens.htm

http://www.or n l .gov/sci/engineering_science_technology/sms /Hardy%20Fact%20
Sheets/Countermeasures.pdf

http://pharmalicensing.com/news/headlines/1070473459_3fce20f35628c

http://www.ornl.gov/sci/biosensors/

http://www.ornl.gov/adm/tted/LifeSciencesTechnologies/LifeSciencesTechnology

List.htm

http://www.pnl.gov/main/welcome/

http://www.pnl.gov/main/sectors/nsd/%20homeland.pdf

http://246 www.technet.pnl.gov/sensors/

http://www.pnl.gov/main/sectors/nsd/%20homeland.pdf

http://www.inl.gov/index.shtml

http://www.amsa−cleanwater.org/meetings/04winter/ppt/ppt/30%20−−%20FRI%20%−20Reinhardt，%20Glen/AMSA%20−%20Security%20Panel%20Discussion%20−%20GR.pps

http://www7.nationalacademies.org/wstb/index.html

http://www4.nationalacademies.org/webcr.nsf/CommitteeDisplay/WSTB−U−04−06−A?OpenDocument

http://www4.nas.edu/webcr.nsf/5c50571a75df494485256a95007a091e/5d3beab7fa3bb8bc85256d0b00705acf?OpenDocument

http://www.awwarf.org/theFoundation/WERF's website: 254www.werf.org

http://cimic.rutgers.edu/epa−workshop.html

http://www.knowledgepress.com/

http://www.knowledgepress.com/events/7011409_p.pdf

http://www.healthtech.com/2003/btr/

http://www.knowledgepress.com/events/12111105_p.pdf

http://www.wtec.org/biosensing/proceedings/

http://www.knowledgepress.com/events/7191716_p.pdf

http://cimic.rutgers.edu/epa−workshop.html

http://cimic.rutgers.edu/workshop2.html

http://www.healthtech.com/2002/bms/abstracts/symposium3.htm

http://www.knowledgepress.com/events/11071420_p.pdf